武汉市城市湖泊生物多样性监测丛书

武汉市城市湖泊水生植物现状与图谱集

李 韬 邓绪伟 易 川/主编

中国环境出版集团·北京

图书在版编目（CIP）数据

武汉市城市湖泊水生植物现状与图谱集 / 李韬，邓绪伟，易川主编. -- 北京 : 中国环境出版集团，2025. 6. --（武汉市城市湖泊生物多样性监测丛书）. -- ISBN 978-7-5111-6216-8

Ⅰ. Q948.8-64

中国国家版本馆 CIP 数据核字第 2025P89L60 号

责任编辑 丁莞歆
装帧设计 宋　瑞

出版发行 中国环境出版集团
（100062　北京市东城区广渠门内大街 16 号）
网　　址：http://www.cesp.com.cn
电子邮箱：bjgl@cesp.com.cn
联系电话：010-67112765（编辑管理部）
010-67147349（第四分社）
发行热线：010-67125803，010-67113405（传真）

印　　刷 北京鑫益晖印刷有限公司
经　　销 各地新华书店
版　　次 2025 年 6 月第 1 版
印　　次 2025 年 6 月第 1 次印刷
开　　本 880×1230　1/16
印　　张 10.75
字　　数 260 千字
定　　价 88.00 元

编委会

WUHAN SHI CHENGSHI HUPO SHUISHENG ZHIWU
XIANZHUANG YU TUPU JI

主　编：李　韬　邓绪伟　易　川

副主编：李中强　凌海波　朱　静　沈龙娇
彭　辉　彭秋桐

编写组：（以姓氏笔画为序）

王　亮　尹　婷　全　森　刘　虹　李伟杰
李敦海　杨小龙　吴小苏　邹书成　沈　宏
陈玉茹　陈纪平　陈科蓉　陈睿弢　林　雨
周晓霞　郑凌凌　侯　松　徐春燕　郭姝荃
凌晓欢　黄　振　黄林芳　董洪进　程　晨
舒治冲　曾　斌　戴煜泰

序

本书由湖北省生态环境厅武汉生态环境监测中心携手湖北省生态环境科学研究院（省生态环境工程评估中心）、中国科学院水生生物研究所及湖北大学历经两年艰辛努力精心编纂而成。该书针对武汉市中心城区 28 个重要湖泊的水生植物种类、生物量、生物多样性及空间分布格局进行了全面、系统的调查与研究，并辅以科学的分类鉴定，不仅详尽展示了武汉市城市湖泊中水生植物的丰富多样性、独特的分布特征、生长状态及生态价值，而且为武汉市城市湖泊的开发利用、科学管理及生态保护工作提供了宝贵的基础数据，具有重要的参考和指导意义。

武汉市以其密布的湖泊资源闻名遐迩，中心城区的湖泊宛如镶嵌于城市之中的璀璨明珠，构成了独特的自然景观与生态体系。这些湖泊不仅是城市生态循环的重要调节器，承担着防洪排涝、供水灌溉、休闲娱乐及旅游开发等多重功能，还是城市居民生活质量与城市可持续发展的重要保障。然而，随着城市化步伐的加快，城市湖泊生态系统面临着前所未有的压力，尤其是由水体污染导致的富营养化问题严重威胁着水生植物的生存，部分湖泊的沉水植物群落几近消失，进而影响了整个湖泊生态链的稳定与健康。鉴于水生植物在维持水生生物多样性、净化水质及构建良好水生生境中的核心作用，对其现状进行深入调查、科学保护及合理恢复成为城市湖泊生态管理的迫切需求。然而，当前关于城市湖泊水生植物的详尽资料相对匮乏，尤其是其种类、分布范围及面积等关键信息缺失，从而给湖泊生态修复工作带来了诸多挑战，外来物种入侵等问题也日益凸显。在此背景下，本书的出版不仅记录了当前武汉市城市湖泊水生植物的种类、多样性、空间分布等特点，而且为开展城市湖泊生态环境保护等工作提供了宝贵的资料。本书是一本集科普性、观赏性和实用性于一体的图书资料，有助于促进武汉市乃至全国范围内城市湖泊生态环境的保护与可持续发展。

编　者

2023 年 11 月

前言

武汉市江河纵横，河港沟渠交织，汉江、滠水、府河、倒水、举水、金水、东荆河等河流从市区两侧汇入长江，市内还有众多大小湖泊，形成了以长江为干流的庞大水网体系。全市水域总面积达2 117.6 km^2，占市域面积的25.01%，共有166个湖泊、26个水系及排水系统，湖泊水域总面积约为750.16 km^2。武汉市素有“百湖之市”的美誉，拥有全国最大的城中湖——东湖，构成了城在湖中、湖在城中、水陆交错、人水相依的“大江大湖大武汉”的城市生态特色。据历史记载，武汉曾一度是云梦泽国，两江交汇，湖泊众多，水网密布，具有滨江、滨湖特色，整座城市因水而兴。

湖泊是由水生生物和水域环境共同组成的复杂的水生态系统。水体污染程度不同，水生生物的种类和数量也就不同。城市湖泊是城市生物多样性的重要基地，可调节城市温湿度，补充城市地下水，对城市起到净化环境、减少噪声、调节径流、防洪减灾等生态保护作用。水生生物是生态系统的重要组成部分，是维持水生态系统结构和功能的关键要素，是水生态环境质量演变的“哨兵”。同时，水生生物更易于被大众感知，水中是否有鱼、虾、螺、蚌，是否暴发藻类水华、赤潮等可作为判别水生态状况好坏的感性依据，因此借助水生生物有利于实现“国标”与“民标”的协调统一。浮游植物、浮游动物、底栖动物和水生植物是评估水生态质量的重要组成要素，也是当前水生态环境监测的重要任务之一。水生植物不仅是水域生态系统的重要组成部分，也是人类生活的重要资源。水生植物可以提供食物、药材、观赏、净化水质、防止水土流失、维持生物多样性等多种功能，如：莲不仅是中国传统文化的象征，其根茎、种子等也是一种美味的食材；芦苇可以防止水土流失，保护岸线。水生植物还可以给鱼类、昆虫、鸟类等水生动物提供栖息地和食物，促进生物链的循环。

武汉市生物多样性调查工作起步较晚，目前主要集中在涨渡湖湿地、天兴洲洲滩、蔡甸沉湖等典型湿地，针对城市湖泊的生物多样性系统调查工作尚未开展，生物多样性的本底信息不足，湖泊水生生物资源数据贫乏，现有湖泊水生生物名录及图谱集等基础信息匮乏。为此，湖北省生态环境厅武汉生态环境监测中心联合湖北省生态环境科学研究院（省生态环境工程评估中心）、中国科学院水生生物研究所、湖北大学开展了武汉市典型城市湖泊生物多样性调查监测专项研究，在对城市湖泊的典型水生生物进行监测的基础上编写了本书。由于监测时间有限，本书仅收录了武汉市城市湖泊中较为常见的水生生物物种，部分罕见的水生植物物种未收录在内。本书得到湖北省生态环境厅武汉生态环境监测中心“武汉市城市湖泊水生生物多样性调查监测项目”（SZZC-2022-0214）、国家重点研发计划（2022YFC3204103）和科技基础资源调查专项（2021FY100704）的联合资助。

由于水平有限，书中错误和不妥之处在所难免，敬请有关专家和读者批评指正。

编　者

2023 年 11 月

目录

WUHAN SHI CHENGSHI HUPO SHUISHENG ZHIWU XIANZHUANG YU TUPU JI

第 1 章

第 2 章

武汉市城市湖泊水生植物主要种类和空间分布 /9

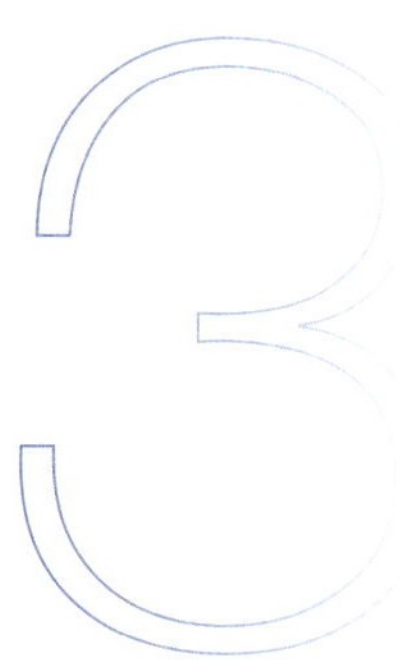

第 3 章

第1章

概　述

WUHAN SHI CHENGSHI HUPO
SHUISHENG ZHIWU
XIANZHUANG YU TUPU JI

1.1 水生植物

1.1.1 水生植物的定义

目前，学术上对水生植物还没有统一的定义，一般认为凡是生长在水中或湿土壤中的植物均可被称为水生植物。本书中的水生植物指的是大型水生植物（Macrophyte），包括种子植物、蕨类植物中的水生类群和藻类植物中以假根着生的大型藻类，不包括其他藻类植物。大型水生植物是指依附于水环境、至少部分生殖周期发生在水中或水表面的植物类群，是除小型水生植物以外的所有水生植物类群，主要包括两大类——水生维管束植物和高等藻类。水生植物在湿地生态系统的稳定中起着重要的作用，恢复和重建水生植物是湿地生态系统修复的主要措施。

1.1.2 水生植物的分类

生活型是指植物长期生存在一定环境下形成的一种形态学上的适应类型，也是各种植物对其生态条件的综合作用在外貌上的具体反映。根据水生植物的生活方式（生活型），一般将其分为以下几大类，即挺水植物、浮叶植物、漂浮植物及沉水植物（有时浮叶植物和漂浮植物都被归为浮叶植物）。

1. **挺水植物**

挺水植物的根、根茎生长在水下的底泥之中，茎、叶挺出水面，直立挺拔，花色艳丽，花开时离开水面；常分布于 0 ～ 1.5 m 的浅水处，其中有的种类生长于潮湿的岸边。这类植物在空气中的部分具有陆生植物的特征，生长在水中的部分（根或地下茎）具有水生植物的特征。常见的挺水植物有莲、芦苇、香蒲、菰、水葱、芦竹、菖蒲、黑三棱、泽泻、慈姑等。

2. **浮叶植物**

浮叶植物的根生长在水下的泥土之中，叶柄细长，茎细弱且不能直立，仅叶漂浮于水面或部分叶漂浮于水面，叶有浮水叶和沉水叶两种。它们既能吸收水里的矿物质，又能利用其漂浮于水面的叶片遮蔽射入水中的阳光，从而抑制水藻的生长。常见的浮叶植物有睡莲、萍蓬草、荇菜、欧菱、芡实、王莲等 。

3. **漂浮植物**

漂浮植物是指根不着生在底泥中、整个植物体漂浮在水面上的一类浮水植物。这类植物的根系通常不发达，体内具有发达的通气组织，或具有膨大的叶柄（气囊），以保证与大气进行气体交换。常见的漂浮植物有凤眼莲、大薸、紫萍、满江红、槐叶蘋等。

4. **沉水植物**

沉水植物是指植物体全部位于水层下面营固着生存的大型水生植物。这类植物的叶子大多为带状或丝状，在水下弱光的条件下也能正常生长发育，但其花小、花期短，所以一般以观叶为主。常见的沉水植物有丝叶眼子菜、穿叶眼子菜、水菜花、海菜花、海菖蒲、苦草、金鱼藻、水车前、穗状狐尾藻、黑藻等。

1.1.3 水生植物的生态功能

水生植物种类繁多、形态多样，不仅能够为湖泊湿地中的鸟类、鱼类、昆虫、浮游动植物提供食物来源和栖息场所，而且具有净化污水、美化环境的生态功能，在维护湖泊生态平衡、改善水质、维持物质循环等方面发挥着不可或缺的作用。

1. 美化水景

多样化的水生植物作为湖泊造景布局的重要组成部分，可以搭配层次丰富、错落有致的水体景观效果。在园林美景中，应用较多的带花水生植物有莲、睡莲、千屈菜、美人蕉，这些水生植物给水体景观带来一道亮丽的色彩。

2. 提供栖息场所

作为湿地生态系统的生产者，水生植物是湿地生态系统的重要组成部分。它可以为水生动物提供产卵和栖息的场所，为水体提供遮蔽，并限制藻类的自然生长。同时，水生植物作为鸟类、昆虫直接或间接的食物来源，也为维持湖泊生物多样性创造了有利环境。

3. 净化水质

水生植物生长在水中，可以减缓水的流速，不仅使水中的漂浮物缓慢沉降，而且为鱼类等生物提供了生存环境。水生植物通过光合作用释放氧气，使水中的溶解氧含量增加，抑制了有害生物的生长，减轻了水体污染。睡莲、荇菜等水生植物可吸收水体中的氮、磷等营养元素，去除水中过剩的有机物质；同时，可控制藻类的生长，从而保持水体清澈。有研究表明，一些水生植物，如金鱼藻、青萍等可以富集重金属、净化水体。

1.2 武汉市城市湖泊水生植物监测方法

针对水生植物的生物量、种类和分布的监测方法多种多样，主要有遥感监测和实地调查。其中，遥感监测利用高精度卫星影像或无人机影像进行植物群落识别和判读，并绘制植被图，这种方法适用于大面积快速监测；实地调查包括实地取样、实验室分析等，这种方法虽然较为传统，但可以详细记录水生植物的种类、分布和生长状况。由于城市湖泊面积差异较大，水生植物种类较少，分布较为破碎化，针对武汉市城市湖泊水生植物的监测更适用实地调查方法。

1.2.1 监测方法

水生植物按生活型一般可分为挺水植物、浮叶植物（漂浮植物与根生浮叶植物）和沉水植物。由于水生境的特殊性，一些常用于陆生植物现存量测定的方法并不适用于水生植物，而要用一些特殊的方法，如：框架采集法，适用于挺水植物和浮叶植物；远距离采集器，如挖泥器、带网铁铗和长柄镰刀，适用于沉水植物；潜水挖取法。

沉水植物的采集需要在水体中选取垂直于等深线的断面，在断面上设样点，采样作为小样本，用带网铁铗进行定量采集。选取若干断面后，最终由样本结果推断总体。

1.2.2 采样工具

带网铁锹：由边长为 50 cm 的可张合铁条组成正方形框架，在其边框缝上孔径约为 1 cm 的尼龙网袋，网深约 90 cm，当铁锹完全张开时，框口为正方形，面积为 0.25 m^2。

其他野外需要的工具包括塑料袋、记号笔和电子秤等。

1.2.3 采样断面和采样点

根据水体特点（大小和地势）及水生植物的分布情况 （分带和覆盖率），选取数条具有代表性的断面。最少样点数必须包括植被的大部分现存种，可以根据种 - 面积曲线来确定。样点一般均匀分布在所设断面上。挺水植物和浮叶植物样方面积一般采用 2 m×2 m 样方，植株稀疏群落（＜ 100 株 /m^2）可采用 10 m×10 m 或 5 m×5 m 样方，植株密度大的群落（＞ 100 株 /m^2）可采用 1 m×1 m 或 0.5 m×0.5 m 样方；沉水植物样方面积为 0.5 m×0.5 m 或 0.2 m×0.2 m。

1.2.4 样品收集

在取样点，将带网铁锹完全张开，投入水中，待其沉入水底后关闭上拉，倒出网内植物，去除枯死的枝、叶及杂质，放入编有号码的样品袋内。

鲜重为样品不滴水时的称重。干重是取部分鲜样品（＞ 10%）作为子样品，在 80℃烘干至恒重时的质量。可由子样品干量换算样品干量。

1.2.5 挺水植物群落的采集

挺水植物群落一般生长于沼泽地、洼地或池塘、江、河、近岸的浅水处，采样人员穿下水裤就可以对其进行取样。具体方法是选取 2 m×2 m（或 1 m×1 m）正方形样地，四周插上竹竿，可绕上绳索以区分边界，将样方内的植株全株连根拔起，有地下茎的其地下茎也要采集，洗净、称量后装入编有号码的样品袋内带回室内烘干。

1.2.6 漂浮植物群落的采集

采集较深水体中的漂浮植物时，船只在水中不易固定，随波起伏不定，确定样方较为困难且不准确，框架采集法可解决这一困难。该方法中的框架由 4 条长 2 m 的木条制成，首尾连接，连接点固定，木条可张开、合拢，携带时合拢成“一”字状，较为方便。

1.3 武汉市城市湖泊水生植物生物量与多样性计算

1.3.1 生物量计算

单位面积生物量（鲜重）的计算公式如下：

$$m_f = \frac{m_1}{A}$$

式中：m_f——以鲜量表示的现存量，kg/m^2；

m_1——样品鲜量，kg；

A——样方面积，m^2。

根据每平方米中各类植物的现存量和它们的分布面积，由样品推算出总体即可求出该水体中各类大型水生植物的总现存量和各类植物所占的比例。

1.3.2 多样性计算

群落多样性是生物群落的重要特征，反映了群落自身特征及其与环境之间的相互关系。群落多样性一般包括 α 多样性和 β 多样性。α 多样性表示群落中所含物种的多少，即物种丰富度，以及群落中各个种的相对密度，即物种均匀度。β 多样性表示物种沿环境梯度所发生替代的程度或物种变化的速率。不同群落或某一环境梯度上不同样方之间的共有种越少，β 多样性越大；反之亦然。

1. 物种丰富度

物种丰富度（S）＝出现在样方内的物种数

2. α 多样性

α 多样性包括 3 个指数——Shannon-Wiener 指数（H'）、Pielou 指数（均匀度指数，E）、Simpson 指数（优势度指数，P），计算公式如下：

$$H' = -\sum_{i=1}^{S} P_i \ln P_i$$

$$E = H'/\ln S$$

$$P = 1-\sum_{i=1}^{S} P_i^2$$

式中：P_i——第 i 个种的相对多度（$P_i = \frac{n_i}{N}$）；

n_i——第 i 个种的个体数目；

N——群落中所有种的个体总数。

3. β 多样性

β 多样性包括 3 个指数——Sørensen 指数（SI）、Jaccard 指数（C_J）、Cody 指数（β_c），计算公式如下：

$$\mathrm{SI} = \frac{2c}{a-b}$$

$$C_J = \frac{c}{a+b-c}$$

$$\beta_c = \frac{a+b-2}{2}$$

式中：a、b——分别为两样方的物种数；

c——两样方的共有物种数。

上述指数中，Sørensen 指数和 Jaccard 指数反映的是群落或样方间物种组成的相似性，Cody 指数反映的是样方物种组成沿环境梯度的替代速率。

1.4 武汉市城市湖泊水生植物监测概况

我国水系众多，湖泊、池塘、水库、溪河、沼泽遍及南北，其中的水生植物形成了一个非常庞大的类群。国内的水生植物数据库建设正在逐步发展，截至 2020 年 3 月 31 日，中国水生植物物种库中收录的全国水生植物共计 741 种，其中包括水生植物的科、属和物种名称，生长方式，分布地点和描述等信息，为中国水生生物研究者提供了基础资料。

资料数据显示，湖北省共有乡土水生维管束植物 188 种，隶属 46 科 94 属。《武汉植物图鉴》中收录的武汉市常见植物共计 169 科 997 种，但其不只是水生植物的相关统计。目前，武汉市并未开展城市湖泊水生植物现状的系统调查，但前期有学者对武汉市部分湖泊的水生植物进行了有针对性的研究，如：钟爱文等对 2014 年武汉市东湖的 4 个湖区沿岸带的水生植物进行了调查，结果显示东湖的水生植物共计 16 科 17 属 19 种，与历史数据对比，东湖水生植物的多样性指数有所降低；谢正鹏等（2010）对武汉市严东湖、野湖、三角湖等 9 个典型城市湖泊的湿地植物群落组成进行了调查与生物量统计，为武汉市城市湖泊水生植物调查奠定了一定的基础；李紫琦等（2017）选取沙湖作为研究对象，调查了其水生植物的应用现状，基本摸清了沙湖城市湿地公园中的水生植物种类现状；郝孟曦等（2014）以梁子湖、长湖、斧头湖、涨渡湖为例研究水生植物多样性及群落演替规律，通过调查与统计分析摸清了 20 世纪 80 年代至 2011 年 4 个湖泊的水生植物资源状态与演替规律；李娜等通过野外调查、资料收集并结合 GIS 等方法对长江中下游 9 个湖泊岸线的形态演变和水生植物多样性现状及变化进行了研究，获得了各典型湖泊水生植物科、属、种的组成，并分析了湖泊形态的演变与水生植物变化之间的关系，为探索湖泊与水生植物的演变规律提供了借鉴与参考。以上学者的研究，为水生植物监测奠定了数据基础。武汉市水生态环境监测中生物多样性调查工作起步较晚，2021 年武汉市首次开展了生物多样性调查，完成了府河武汉段湿地的生物多样性调查评价，基本厘清了府河生态环境现状及生物的种类数量，填补了武汉市多项生物多样性数据空白。由于目前生物多样性调查工作主要集中在涨渡湖湿地、天兴洲洲滩、蔡甸沉湖等典型湿地，针对城市湖泊的水生植物多样性系统调查工作尚未开展，生物多样性的本底信息不足，湖泊水生生物资源数据贫乏，现有湖泊水生生物名录及图谱集等基础信息匮乏，以往的调查往往存在采样点较少、以点带面的现象，暂未形成统一的名录图谱，制约了武汉市水生态和水生生物多样性的管理能力。因此，亟须开展湖泊水生生物多样性本底性调查，为武汉市持续开展生物多样性保护、提升水生态环境保护管理水平提供基础依据。

武汉市作为湖北省省会城市，位于江汉平原东部，素有“百湖之市”的美誉。据历史记载，武汉曾一度是云梦泽国，两江交汇，市区内外湖泊众多，水网密布，具有滨江、滨湖特色，城市因水而兴。全市现共有166个湖泊、26个水系及排水系统，湖泊水域总面积约为750.16 km^2（“一湖一勘”数据）。其中，中心城区（武昌区、洪山区、东湖风景区、青山区、东湖新技术开发区、汉阳区、江岸区、江汉区和硚口区）的湖泊共计38个，总面积约为162.57 km^2，占全市湖泊总面积的21.67%。为进一步了解武汉市城市湖泊的水生植物多样性现状及分布情况，编者于2022年春季至2023年夏季对武汉市各区共计28个城市湖泊中的水生植物多样性开展了系统性监测，了解了各湖泊中水生植物的群落结构特征和分布规律，通过汇总各项调查数据，形成了武汉市城市湖泊水生植物图谱，为湖北省开展生物多样性基础调查提供了借鉴。

第2章

武汉市
城市湖泊水生植物
主要种类和空间分布

WUHAN SHI CHENGSHI HUPO
SHUISHENG ZHIWU
XIANZHUANG YU TUPU JI

2.1 武汉市主要城市湖泊概况

在人类活动的干扰下，湖泊水质与生物会受到强烈扰动，不少湖泊的水生植物正快速退化。尤其是城市湖泊，受到人类活动的强烈干预，大量污染物入湖，导致水质恶化、水生植物消亡。近年来随着生态环境保护力度的加强，武汉市中心城区湖泊的入湖污染逐步得到控制，不少湖泊对内源污染进行了清淤处置，并开展了广泛的生态修复，水环境质量和生境逐步得到改善。2022 年春季至 2023 年夏季，编者对武汉市中心城区 28 个湖泊（表 2-1）的水生植物进行了调查分析，明确了当前水生植物的种类、空间分布、盖度和生物量等，为城市湖泊中水生植物种类鉴定、空间动态发展等提供了参考。

2.2 武汉市城市湖泊水生植物主要种类

本次调查的 28 个武汉市城市湖泊中的主要水生植物分布情况见表 2-2，因江汉北湖与江汉西湖相邻，二者统一管理，调查统计数据合并至江汉西北湖中。调查结果显示，武汉市城市湖泊常见水生植物种类共计 36 种，水生植物种类较多的湖泊为东湖、外沙湖、野芷湖、杨春湖和紫阳湖，其分布种类为 18 种以上。在调查范围内的湖泊中分布较多的种类有莲、香蒲、芦苇、苦草、空心莲子草、黑藻，其分布湖泊有 18 个以上。

表 2-1　武汉市主要城市湖泊

行政区	编号	湖泊名称	湖泊面积 /km²
东湖风景区	1	东湖	33.990
汉南区	2	北太子湖	0.524
	3	南太子湖	3.593
	4	三角湖	2.391
	5	汤湖 *	1.050
	6	万家湖	1.050
汉阳区	7	莲花湖	0.076
	8	龙阳湖	1.685
	9	墨水湖	3.638
	10	月湖	0.708
洪山区	11	南湖	7.674
	12	汤逊湖	52.600
	13	杨春湖	0.576
	14	野芷湖	1.615
江岸区	15	鲩子湖	0.094
江汉区	16	后襄河	0.043
	17	机器荡子	0.104
	18	江汉北湖	0.094
	19	江汉西湖	0.050
	20	菱角湖	0.090
	21	小南湖	0.035
青山区	22	青山北湖	1.920
武昌区	23	内沙湖	0.056
	24	晒湖	0.122
	25	水果湖	0.122
	26	四美塘	0.077
	27	外沙湖	3.078
	28	紫阳湖	0.143
面积合计			117.198

* 指汤湖公园的湖区。

表 2-2 武汉市城市湖泊主要水生植物分布情况

湖泊	莲	香蒲	芦苇	芦竹	美人蕉	再力花	泽泻	梭鱼草	水葱	鸢尾	双穗雀稗	菰	菖蒲	慈姑	水蓼	荆三棱	断节莎	荻
东湖	+	+	+	+	+	+	+	+	+		+	+	+	+	+	+		+
北太子湖	+	+	+									+						
南太子湖	+	+	+															
三角湖	+	+	+		+	+					+	+					+	
汤湖	+	+																
万家湖	+	+	+		+	+	+								+		+	
莲花湖	+				+	+		+										
龙阳湖	+	+	+		+						+	+	+		+		+	
墨水湖	+	+	+					+			+	+			+			
月湖	+	+	+															
南湖	+	+	+		+	+		+			+	+			+			
汤逊湖	+	+	+								+	+						
杨春湖	+	+	+	+	+		+		+	+								
野芷湖	+	+	+	+	+	+					+	+			+			
鲩子湖	+	+	+			+	+	+										
后襄河	+	+	+						+	+								
机器荡子																		
江汉西北湖*	+	+	+	+	+		+	+		+								
菱角湖	+	+	+			+												
小南湖							+			+								
青山北湖	+	+	+								+	+						
内沙湖	+	+	+	+	+	+		+			+	+						
晒湖	+	+			+	+		+		+			+					
水果湖	+	+	+	+														
四美塘		+	+								+	+						
外沙湖	+	+	+	+	+	+		+	+	+	+	+	+					
紫阳湖	+	+	+		+	+		+		+		+						

* 指江汉区的江汉西湖和江汉北湖。

荇菜	空心莲子草	欧菱	水鳖	凤眼莲	天胡荽	睡莲	槐叶苹	浮萍	粉绿狐尾藻	满江红	竹叶眼子菜	苦草	黑藻	穗状狐尾藻	金鱼藻	大茨藻	菹草
+	+	+	+			+		+		+		+	+	+	+	+	+
						+	+			+		+		+	+		
+	+	+	+				+			+		+					
	+	+	+	+	+								+	+	+		
	+											+	+				
+	+		+		+							+	+				
	+	+			+	+						+					
	+			+					+								
	+	+		+	+			+				+	+				
+	+	+									+	+			+		
	+											+	+		+		
	+			+					+			+	+				
	+	+			+	+						+	+	+	+		
+	+		+		+			+				+	+	+	+		
+	+					+						+	+	+	+		
	+											+		+			
						+						+	+	+			
						+						+	+	+			
								+				+	+				
+						+					+	+					
	+							+									
						+					+		+				
	+				+	+					+	+	+	+	+		
+	+											+	+				
	+												+	+	+		
+	+	+	+	+		+						+	+	+	+		
+	+		+		+	+		+				+	+	+	+		

2.2.1 东湖水生植物状况

1. **主要种类**

据相关资料记载，东湖历史上水生植物种类丰富，在20世纪50年代至2000年共观测到111种水生植物。但随着城市化的快速发展，东湖的水生植物快速消亡，在20世纪50—60年代记录了83种，80年代记录了80种，90年代记录了47种，2000年后仅记录了33种。本次调查共在东湖采集到水生植物29种，其中挺水植物16种、浮叶植物7种、沉水植物6种（表2-3）。采集到的水生植物中，芦竹、美人蕉、再力花、梭鱼草和菖蒲主要为水生态修复和沿岸带景观美化种植的种类。

表2-3 东湖水生植物主要种类

类型	序号	种	拉丁名
挺水植物	1	莲	*Nelumbo nucifera* Gaertn.
	2	香蒲	*Typha orientalis* C. Presl
	3	芦苇	*Phragmites australis* (Cav.) Trin. ex Steud.
	4	芦竹	*Arundo donax* L.
	5	美人蕉	*Canna indica* L.
	6	再力花	*Thalia dealbata* Fraser
	7	泽泻	*Alisma plantago-aquatica* L.
	8	梭鱼草	*Pontederia cordata* L.
	9	水葱	*Schoenoplectus tabernaemontani* (C. C. Gmel.) Palla
	10	双穗雀稗	*Paspalum distichum* L.
	11	菰	*Zizania latifolia* (Griseb.) Turcz. ex Stapf
	12	菖蒲	*Acorus calamus* L.
	13	慈姑	*Sagittaria trifolia* subsp. *leucopetala* (Miquel) Q. F. Wang
	14	水蓼	*Persicaria hydropiper* (L.) Spach
	15	荆三棱	*Bolboschoenus yagara* (Ohwi) Y. C. Yang & M. Zhan
	16	荻	*Miscanthus sacchariflorus* (Maxim.) Benth. & Hook. f. ex Franch
浮叶植物	17	荇菜	*Nymphoides peltata* (S. G. Gmel.) Kuntze
	18	空心莲子草	*Alternanthera philoxeroides* (Mart.) Griseb.
	19	欧菱	*Trapa natans* L.
	20	水鳖	*Hydrocharis dubia* (Bl.) Backer
	21	睡莲	*Nymphaea tetragona* Georgi
	22	浮萍	*Lemna minor* L.
	23	满江红	*Azolla pinnata* subsp. *asiatica* R. M. K. Saunders & K. Fowler
沉水植物	24	苦草	*Vallisneria natans* (Lour.) Hara
	25	黑藻	*Hydrilla verticillata* (L. f.) Royle

类型	序号	种	拉丁名
沉水植物	26	穗状狐尾藻	*Myriophyllum spicatum* L.
	27	金鱼藻	*Ceratophyllum demersum* L.
	28	大茨藻	*Najas marina* L.
	29	菹草	*Potamogeton crispus* L.

2. 空间分布

现状调查的结果表明，东湖的水生植物在空间分布上呈现出不均匀（图 2-1）。自然生长的水生植物主要分布在北部湖区沿岸区域，多为莲、芦苇、香蒲和荇菜等水生植物；生态修复区域主要分布在各湖沿岸，尤其是北部湖区和东部湖区，其水生植物主要为苦草和黑藻。经统计，修复区约占东湖湖泊面积的 11.83%，莲分布区约占全湖面积的 3.44%，未修复区约占全湖面积的 84.72%。

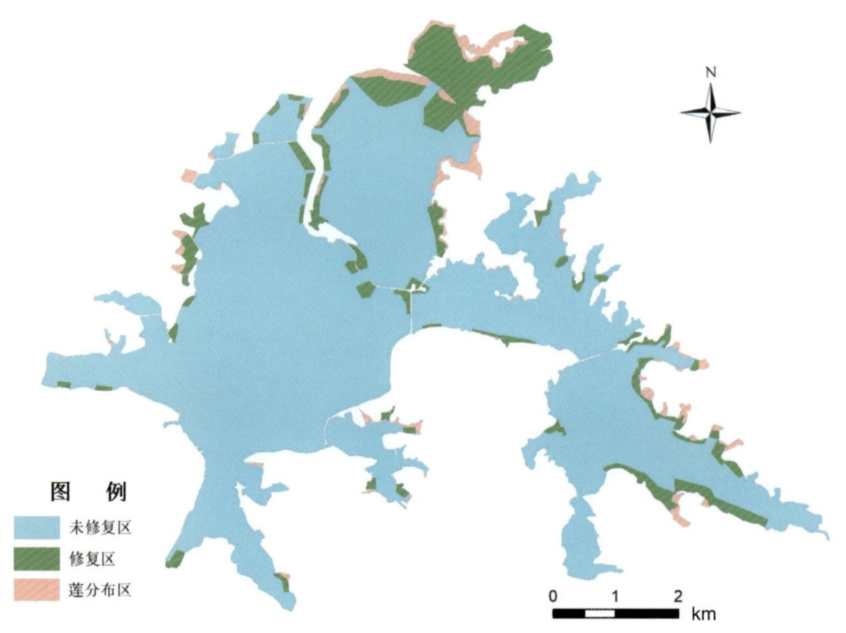

图 2-1　东湖水生植物空间分布

3. 植物盖度

东湖的水生植物盖度在不同区域差异较大。其中，未修复区沿岸带零星分布着一些水生植物，如苦草、穗状狐尾藻、大茨藻、欧菱、浮萍、菰等，其盖度为 0 ～ 1，平均盖度仅约为 0.02（图 2-2）；修复区的水生植物盖度较高，为 0.1 ～ 1，平均盖度为 0.82（图 2-3）；莲分布区主要位于沿岸湖湾中，夏季调查时盖度高，在其分布区内平均盖度超过 0.90（图 2-4）。综上所述，东湖水生植物盖度为全湖的空间分布如图 2-5 所示，其空间分布与水生植物的空间分布紧密相关。

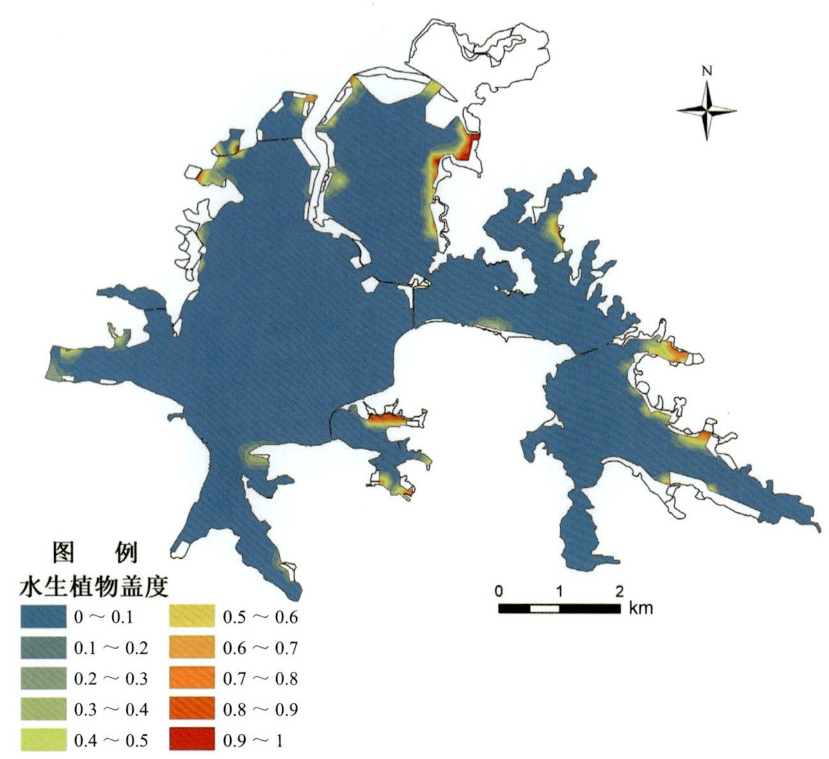

图 2-2　东湖未修复区水生植物盖度空间分布

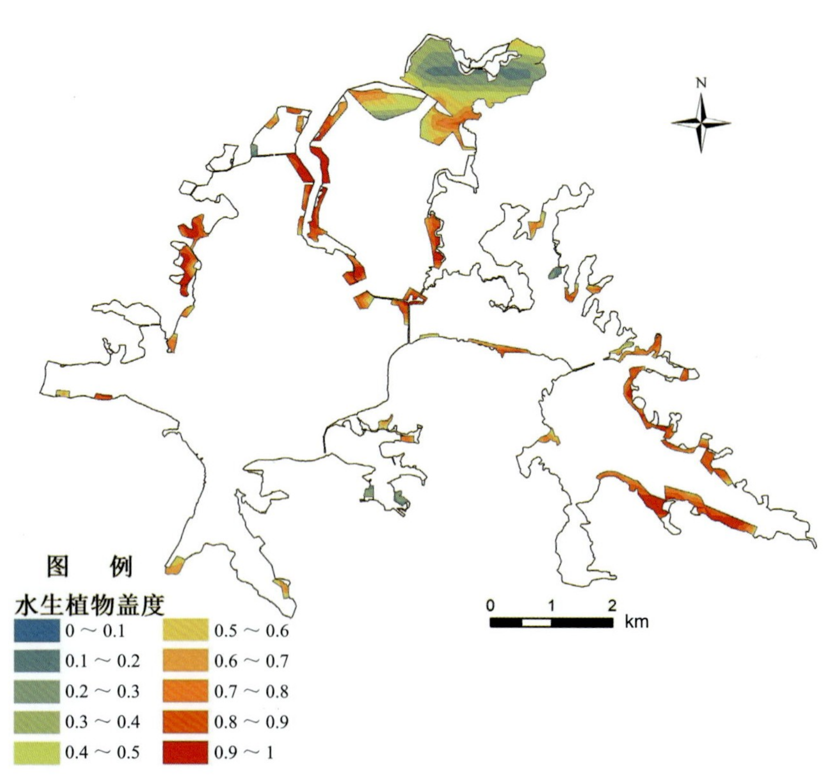

图 2-3　东湖修复区水生植物盖度空间分布

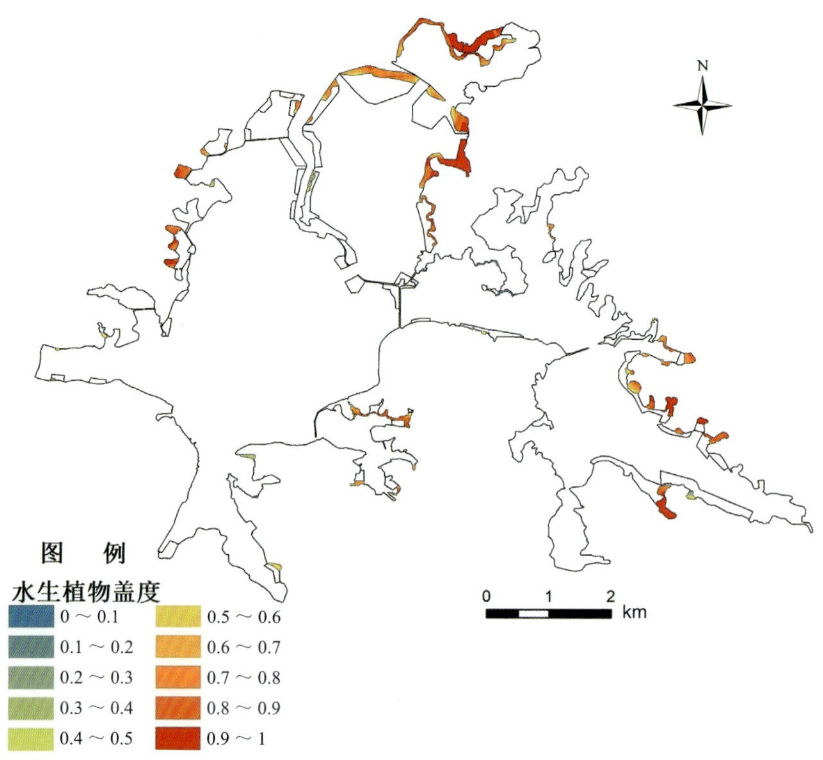

图 2-4　东湖莲分布区水生植物盖度空间分布

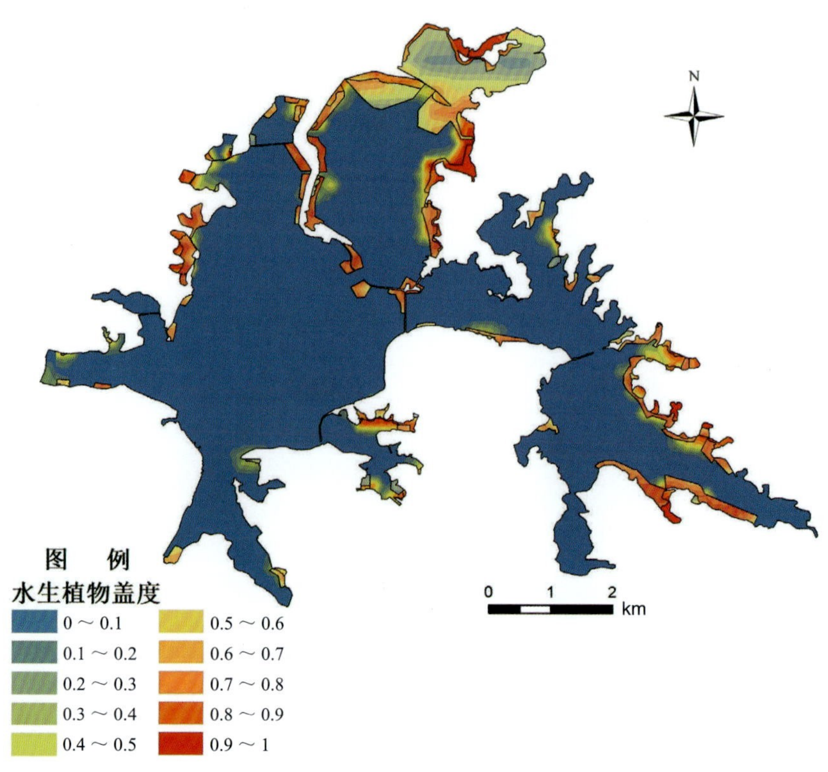

图 2-5　东湖水生植物盖度全湖空间分布

4. 生物量和多样性指数

（1）全湖生物量估算

根据样方调查的结果，莲群丛单位面积水生植物生物量（鲜重）为 0.06 ～ 119.33 kg/m^2，结合其分布面积，全湖莲群丛生物量（鲜重）约为 4 836.24 t。沉水植物修复区单位面积水生植物生物量（鲜重）为 0.02 ～ 52.34 kg/m^2，结合沉水植物群丛的空间分布及面积，全湖沉水植物分布区水生植物生物量（鲜重）约为 4 124.12 t。未修复区单位面积水生植物生物量（鲜重）为 0.05 ～ 22.74 kg/m^2，结合未修复区的空间分布及面积，全湖未修复区水生植物生物量（鲜重）约为 393.47 t。

（2）多样性

根据物种丰富度指数、α 多样性指数和 β 多样性指数的计算公式得出东湖的生物多样性指数，见表 2-4。

表 2-4　武汉东湖水生植物多样性指数

多样性指数		最大值	最小值	平均值
物种丰富度指数（S）		29	0	6.21
α 多样性指数	Shannon-Wiener 指数（H'）	2.44	0	0.57
	Pielou 指数（E）	0.98	0.11	0.52
	Simpson 指数（P）	1.00	0.10	0.85
β 多样性指数	Sørensen 指数（SI）	1	0	0.17
	Jaccard 指数（C_J）	1	0	0.15
	Cody 指数（β_C）	9	0	4.57

5. 主要水生植物群丛

东湖主要水生植物群丛及湖泊俯瞰全貌如图 2-6 所示。

图 2-6　东湖主要水生植物群丛及湖泊俯瞰全貌

2.2.2　北太子湖水生植物状况

1. 主要种类

有关北太子湖水生植物的资料记载相当少见，城市化发展带来的人类活动加剧等问题导致北太子湖水生植物消失殆尽。调查期间，北太子湖已经处于生态修复阶段，全湖覆盖水生植物。调查收集到的北太子湖水生植物种类有苦草、金鱼藻、穗状狐尾藻、满江红、槐叶蘋、睡莲、莲、香蒲、芦苇、菰等共 10 种，其中常见挺水植物 4 种、常见浮叶植物 3 种、常见沉水植物 3 种（表 2-5）。生态修复区主要为苦草、穗状狐尾藻和金鱼藻，在夏、秋季湖面东北角有一定量的槐叶蘋，在东南湖湾有莲，而槐叶蘋等属于偶见，并未形成连片分布。

表 2-5　北太子湖水生植物主要种类

类型	序号	种	拉丁名
挺水植物	1	莲	*Nelumbo nucifera* Gaertn.
	2	香蒲	*Typha orientalis* C. Presl
	3	芦苇	*Phragmites australis* (Cav.) Trin. ex Steud.
	4	菰	*Zizania latifolia* (Griseb.) Turcz. ex Stapf
浮叶植物	5	睡莲	*Nymphaea tetragona* Georgi
	6	槐叶蘋	*Salvinia natans* (L.) All.
	7	满江红	*Azolla pinnata* subsp. *asiatica* R. M. K. Saunders & K. Fowler
沉水植物	8	苦草	*Vallisneria natans* (Lour.) Hara
	9	穗状狐尾藻	*Myriophyllum spicatum* L.
	10	金鱼藻	*Ceratophyllum demersum* L.

2. 空间分布

现状调查的结果表明，北太子湖的水生植物呈现全湖分布，且具有显著特征（图 2-7）。武汉市对北太子湖全湖进行了生态修复，主要种类为苦草，零星分布有穗状狐尾藻和金鱼藻，分布于湖区除东南角外的所有区域；在东南部仅存一角分布有莲；沿岸线分布着一些香蒲、芦苇和菰等挺水植物；西北角零星分布着人工种植的睡莲；东北角可见满江红（夏季），在莲分布区中偶见槐叶蘋。经统计，修复区约占北太子湖面积的98.33%，莲分布区约占全湖面积的1.67%。

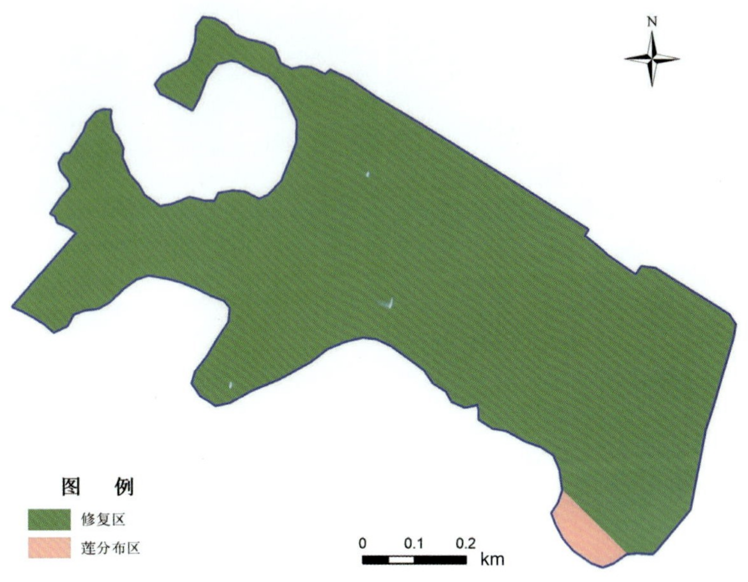

图 2-7 北太子湖水生植物空间分布

3. 植物盖度

北太子湖水生植物可以分为两个区域，即修复区和莲分布区，各区域水生植物的盖度差异不大。其中，修复区的水生植物盖度为0.65～1，平均盖度约为0.92（图 2-8）；莲分布区的水生植物盖度为0.55～1，平均盖度为0.86（图 2-9）。综合调查结果，北太子湖的水生植物盖度为0.55～1，全湖平均盖度约为0.91（图 2-10）。

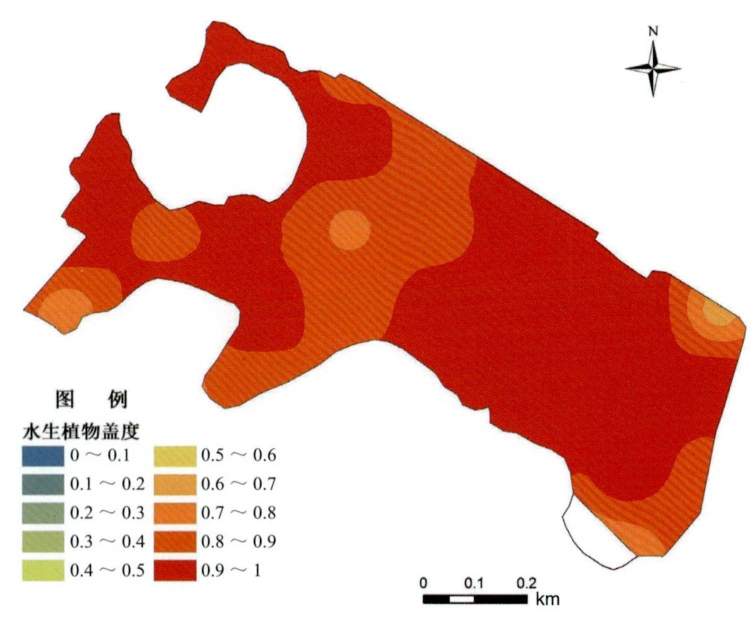

图 2-8 北太子湖修复区水生植物盖度空间分布

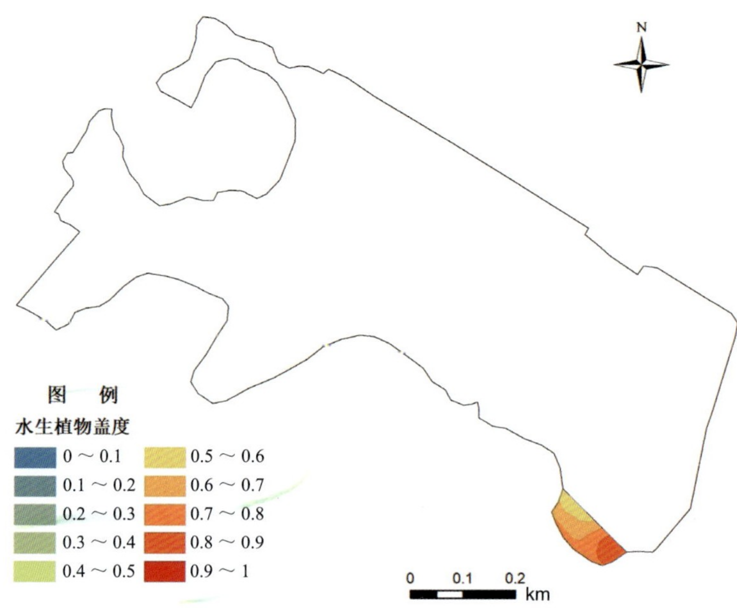

图 2-9　北太子湖莲分布区水生植物盖度空间分布

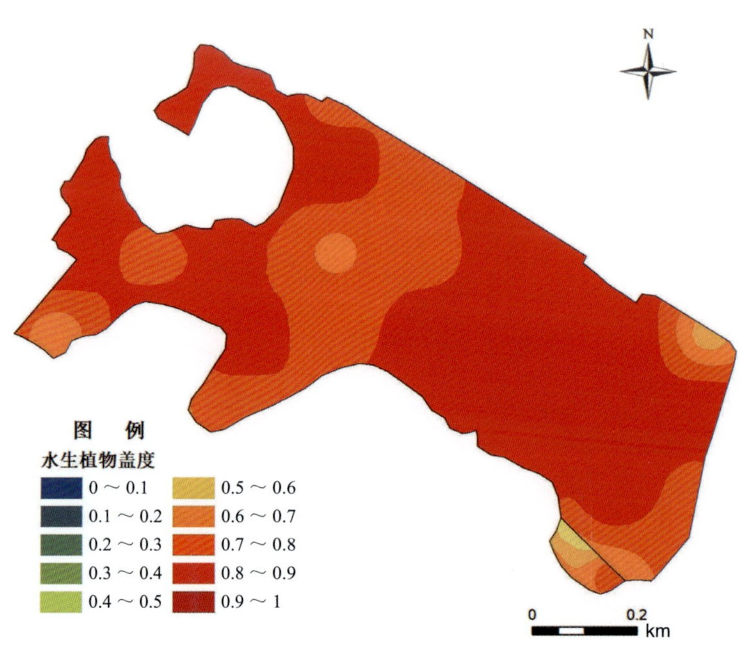

图 2-10　北太子湖水生植物盖度全湖空间分布

4. 生物量和多样性指数

（1）全湖生物量估算

根据样方调查的结果，莲群丛单位面积水生植物生物量（鲜重）为 4.73 ~ 5.46 kg/m^2，结合其分布面积，全湖莲群丛生物量（鲜重）约为 38.2 t。沉水植物修复区单位面积水生植物生物量（鲜重）为 1.55 ~ 2.41 kg/m^2，结合沉水植物群丛的空间分布及面积，全湖沉水植物分布区水生植物生物量（鲜重）约为 1 028.04 t。

（2）多样性

根据物种丰富度指数、α 多样性指数和 β 多样性指数的计算公式得出北太子湖的生物多样性指数，见表 2-6。

表 2-6　北太子湖水生植物多样性指数

多样性指数		最大值	最小值	平均值
物种丰富度指数（S）		8	4	5.29
α 多样性指数	Shannon-Wiener 指数（H'）	1.14	0.21	0.35
	Pielou 指数（E）	0.55	0.12	0.21
	Simpson 指数（P）	0.60	0.10	0.15
β 多样性指数	Sørensen 指数（SI）	1	0	0.87
	Jaccard 指数（C_J）	1	0	0.82
	Cody 指数（β_C）	5	0	0.71

5. 主要水生植物群丛

北太子湖主要水生植物群丛及湖泊俯瞰全貌如图 2-11 所示。

图 2-11　北太子湖主要水生植物群丛及湖泊俯瞰全貌

2.2.3　南太子湖水生植物状况

1. 主要种类

有关南太子湖水生植物的相关历史资料缺乏，大部分资料表明，南太子湖在人类活动的干扰下污染严重，武汉市为此开展了多次污染治理和修复。调查期间，该湖正在开展全湖生态修复。调查期间收集到的南太子湖水生植物种类并不多，主要为沿岸带的莲、香蒲、芦苇共生群落和修复区的苦草群落，共计 10 种，其中挺水植物 3 种、浮叶植物 6 种、沉水植物 1 种（表 2-7）。主要成片的挺水植物有莲、香蒲和芦苇，主要成片的浮叶植物有荇菜和空心莲子草，主要成片的沉水植物有苦草，其余水生植物少见连片分布，属于偶见种类。

表 2-7　南太子湖水生植物主要种类

类型	序号	种	拉丁名
挺水植物	1	莲	*Nelumbo nucifera* Gaertn.
	2	香蒲	*Typha orientalis* C. Presl
	3	芦苇	*Phragmites australis* (Cav.) Trin. ex Steud.
浮叶植物	4	荇菜	*Nymphoides peltata* (S. G. Gmel.) Kuntze
	5	空心莲子草	*Alternanthera philoxeroides* (Mart.) Griseb.
	6	欧菱	*Trapa natans* L.
	7	水鳖	*Hydrocharis dubia* (Bl.) Backer
	8	槐叶蘋	*Salvinia natans* (L.) All.
	9	满江红	*Azolla pinnata* subsp. *asiatica* R. M. K. Saunders & K. Fowler
沉水植物	10	苦草	*Vallisneria natans* (Lour.) Hara

2. 空间分布

现状调查的结果表明，南太子湖的水生植物在空间分布上呈现出极强的特征（图 2-12）。沿岸浅水区域主要为莲 - 香蒲 - 芦苇共生群落分布区（以下简称莲分布区），覆盖了南太子湖绝大部分湖岸带，湖中主要为沉水植物修复区，重要种类单一，几乎为单一的苦草群落。经统计，修复区面积约占南太子湖面积的 85.53%，莲分布区约占全湖面积的 14.47%。

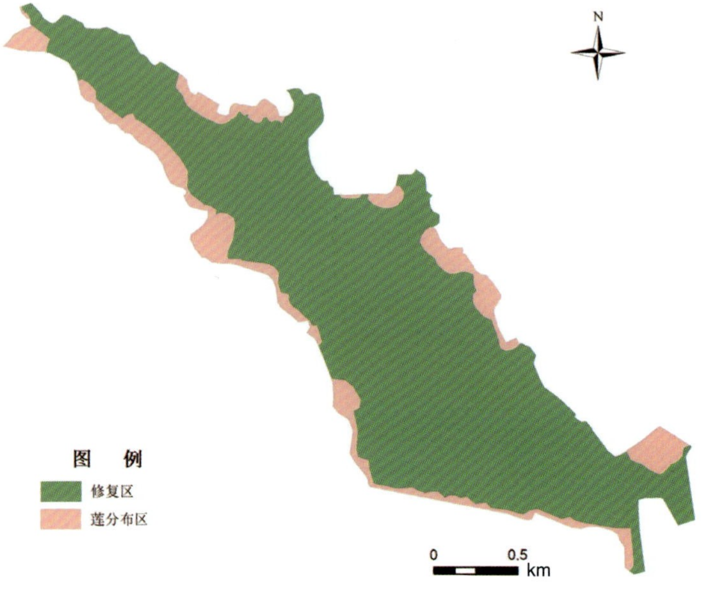

图 2-12　南太子湖水生植物空间分布

3. 植物盖度

南太子湖的水生植物盖度在不同区域差异较大。其中，修复区的水生植物盖度为 0 ～ 0.5，平均盖度为 0.11，呈现出沿岸略高、湖（轴）心盖度低的特征（图 2-13）；沿岸莲分布区的水生植物盖度较高，为 0.25 ～ 1，平均盖度为 0.87，呈岸线区域盖度高、往湖心部分盖度逐渐降低的趋势（图 2-14）。综合调查结果，南太子湖的水生植物盖度为 0 ～ 1，全湖平均盖度约为 0.35（图 2-15）。

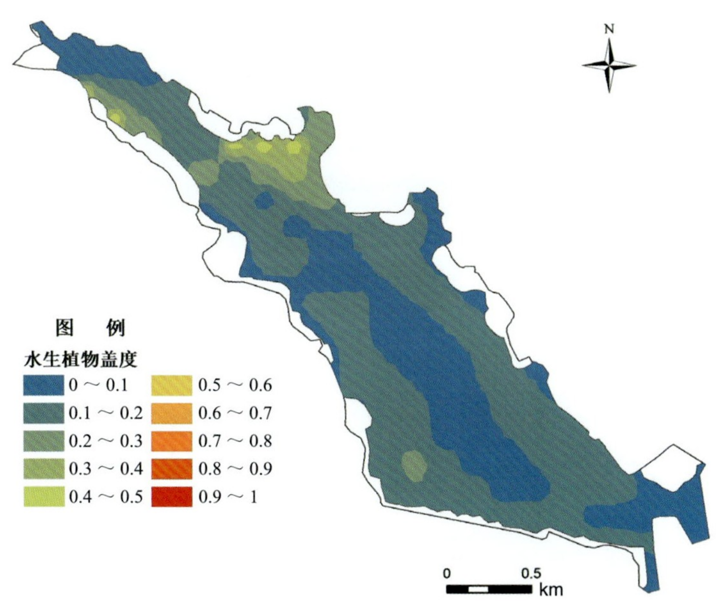

图 2-13 南太子湖修复区水生植物盖度空间分布

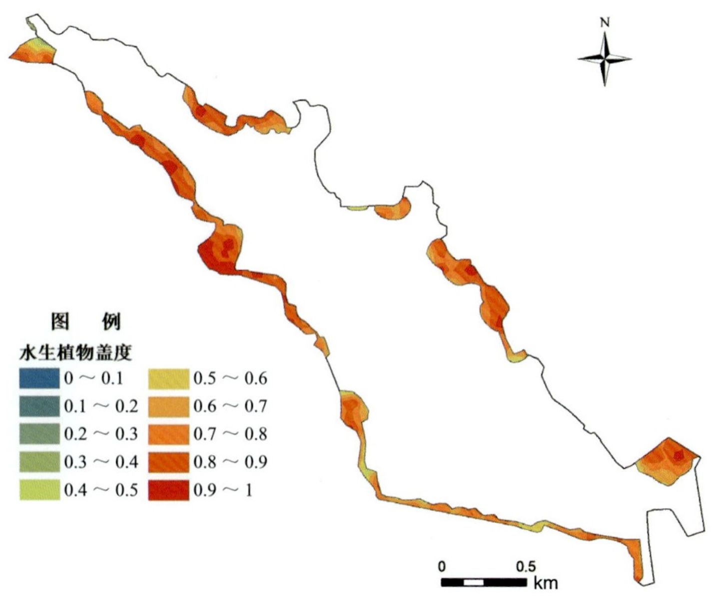

图 2-14 南太子湖莲分布区水生植物盖度空间分布

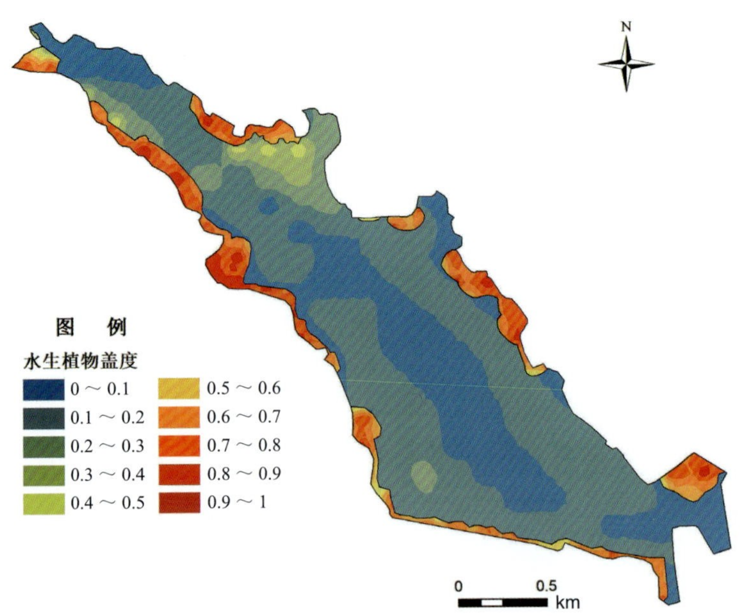

图 2-15　南太子湖水生植物盖度全湖空间分布

4. 生物量和多样性指数

（1）全湖生物量估算

根据样方调查的结果，莲群丛单位面积水生植物生物量（鲜重）为 1.16 ～ 6.27 kg/m^2，结合其分布面积，全湖莲群丛生物量（鲜重）约为 2 431.72 t。沉水植物修复区单位面积水生植物生物量（鲜重）为 0.25 ～ 1.26 kg/m^2，结合沉水植物群丛的空间分布及面积，全湖沉水植物分布区水生植物生物量（鲜重）约为 896.43 t。

（2）多样性

根据物种丰富度指数、α 多样性指数和 β 多样性指数的计算公式得出南太子湖的生物多样性指数，见表 2-8。

表 2-8　南太子湖水生植物多样性指数

多样性指数		最大值	最小值	平均值
物种丰富度指数（S）		10	0	2.87
α 多样性指数	Shannon-Wiener 指数（H'）	1.74	0	0.59
	Pielou 指数（E）	1.00	0.30	0.80
	Simpson 指数（P）	1	0	0.54
β 多样性指数	Sørensen 指数（SI）	1	0	0.31
	Jaccard 指数（C_J）	1	0	0.26
	Cody 指数（β_C）	5	0	1.80

5. 主要水生植物群丛

南太子湖主要水生植物群丛及湖泊俯瞰全貌如图 2-16 所示。

图 2-16 南太子湖主要水生植物群丛及湖泊俯瞰全貌

2.2.4 三角湖水生植物状况

1. 主要种类

历史上关于三角湖水生植物种类的记载较少，本次调查记录到的水生植物种类主要有莲、香蒲、芦苇、美人蕉、再力花、双穗雀稗、菰、断节莎、空心莲子草、欧菱、水鳖、睡莲、天胡荽、凤眼莲、苦草、黑藻、穗状狐尾藻和金鱼藻共 18 种，其中挺水植物 8 种、浮叶植物 6 种、沉水植物 4 种（表 2-9）。其中，挺水植物中的莲、香蒲成片分布，为主要种类；空心莲子草在湖岸边广泛可见，苦草和黑藻为生态修复主要种植种类，其余种类偶见。

表 2-9 三角湖水生植物主要种类

类型	序号	种	拉丁名
挺水植物	1	莲	*Nelumbo nucifera* Gaertn.
	2	香蒲	*Typha orientalis* C. Presl
	3	芦苇	*Phragmites australis* (Cav.) Trin. ex Steud.
	4	美人蕉	*Canna indica* L.
	5	再力花	*Thalia dealbata* Fraser
	6	双穗雀稗	*Paspalum distichum* L.

类型	序号	种	拉丁名
挺水植物	7	菰	*Zizania latifolia* (Griseb.) Turcz. ex Stapf
	8	断节莎	*Cyperus odoratus* L.
浮叶植物	9	空心莲子草	*Alternanthera philoxeroides* (Mart.) Griseb.
	10	欧菱	*Trapa natans* L.
	11	水鳖	*Hydrocharis dubia* (Bl.) Backer
	12	睡莲	*Nymphaea tetragona* Georgi
	13	天胡荽	*Hydrocotyle sibthorpioides* Lam.
	14	凤眼莲	*Eichhornia crassipes* (Mart.) Solms
沉水植物	15	苦草	*Vallisneria natans* (Lour.) Hara
	16	黑藻	*Hydrilla verticillata* (L. f.) Royle
	17	穗状狐尾藻	*Myriophyllum spicatum* L.
	18	金鱼藻	*Ceratophyllum demersum* L.

2. 空间分布

现状调查的结果表明，三角湖的水生植物在分布上呈明显的空间规律性（图 2-17）。在沿岸线浅水区域主要分布着莲 - 芦苇 - 香蒲共生群落（以下简称莲分布区），尤其以北部岸线为甚；在西南角有以香蒲 - 莲为主要类群的挺水植物分布；其余岸线零星可见莲、菰、再力花和浮叶植物等水生植物分布，其中调查可见凤眼莲从西北角的上游河道输入。沉水植物主要分布在开阔湖面，其中北部湖面修复工作尚未全面展开，沉水植物分布较少；中部湖区正在开展修复工作，水生植物逐步扩散，南部湖湾沉水植物少见。经统计，修复区约占三角湖面积的 30.20%，莲分布区约占全湖面积的 69.80%。

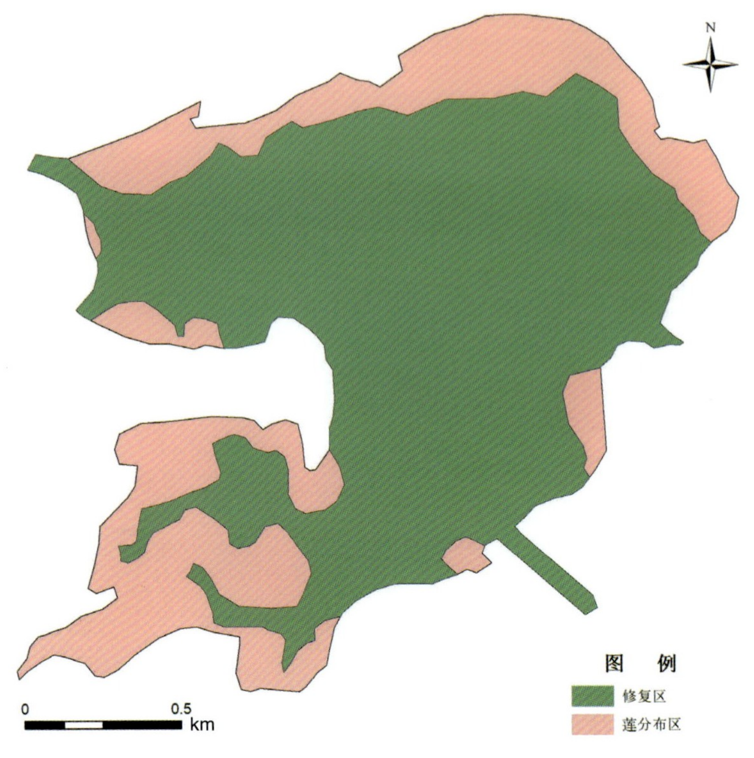

图 2-17 三角湖水生植物空间分布

3. 植物盖度

三角湖的水生植物盖度在不同区域差异较大。其中，修复区的水生植物主要为沉水植物，集中分布在湖心区域，沿岸带零星分布，盖度为 0 ～ 0.3，平均盖度约为 0.19（图 2-18）；莲分布区的水生植物盖度较高，为 0.35 ～ 1，平均盖度为 0.92，靠近岸线区域水生植物种类多、盖度大（图 2-19）。综合调查结果，三角湖的水生植物盖度为 0 ～ 1，全湖平均盖度约为 0.42（图 2-20）。

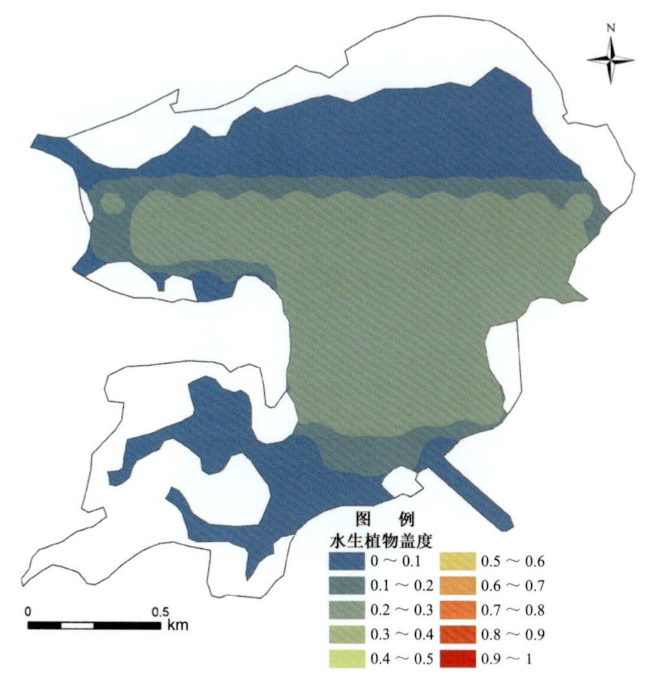

图 2-18　三角湖生态修复区水生植物盖度空间分布

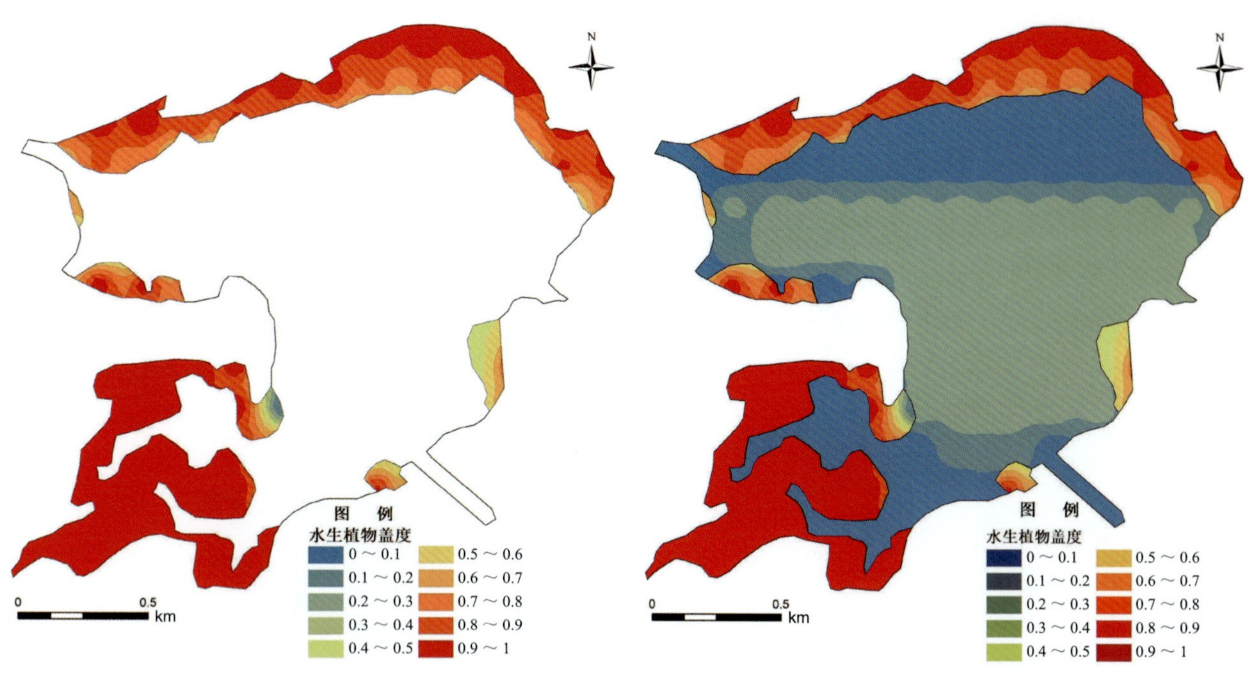

图 2-19　三角湖莲分布区水生植物盖度空间分布

图 2-20　三角湖水生植物盖度全湖空间分布

4. 生物量和多样性指数

（1）全湖生物量估算

根据样方调查的结果，莲群丛单位面积水生植物生物量（鲜重）为 1.93 ～ 7.30 kg/m^2，结合其分布面积，全湖莲群丛生物量（鲜重）约为 4 455.36 t。沉水植物修复区单位面积水生植物生物量（鲜重）为 0.32 ～ 0.92 kg/m^2，结合沉水植物群丛的空间分布及面积，全湖沉水植物分布区的水生植物生物量（鲜重）约为 528.72 t。

（2）多样性

根据物种丰富度指数、α 多样性指数和 β 多样性指数的计算公式得出三角湖的生物多样性指数，见表 2-10。

表 2-10　三角湖水生植物多样性指数

多样性指数		最大值	最小值	平均值
物种丰富度指数（S）		14	0	4.31
α 多样性指数	Shannon-Wiener 指数（H'）	2.10	0	0.87
	Pielou 指数（E）	1	0.16	0.74
	Simpson 指数（P）	1	0	0.60
β 多样性指数	Sørensen 指数（SI）	1	0	0.26
	Jaccard 指数（C_J）	1	0	0.21
	Cody 指数（β_C）	9	0	2.97

5. 主要水生植物群丛

三角湖主要水生植物群丛及湖泊俯瞰全貌如图 2-21 所示。

图 2-21　三角湖主要水生植物群丛及湖泊俯瞰全貌

2.2.5 汤湖（公园）水生植物状况

1. 主要种类

本次调查期间，汤湖（公园）正在进行全湖生态修复，湖中水生植物种类单一，主要的种类为莲、香蒲、空心莲子草、苦草和黑藻，其中挺水植物2种、浮叶植物1种、沉水植物2种（表2-11）。

表2-11 汤湖（公园）水生植物主要种类

类型	序号	种	拉丁名
挺水植物	1	莲	*Nelumbo nucifera* Gaertn.
	2	香蒲	*Typha orientalis* C. Presl
浮叶植物	3	空心莲子草	*Alternanthera philoxeroides* (Mart.) Griseb.
沉水植物	4	苦草	*Vallisneria natans* (Lour.) Hara
	5	黑藻	*Hydrilla verticillata* (L. f.) Royle

2. 空间分布

现状调查的结果表明，汤湖（公园）的沉水植物分布在全湖，北部沿岸有成片的香蒲，东岸有两处莲分布区（图2-22）。湖中主要有苦草和黑藻2种沉水植物，其各自成片分布。经统计，修复区约占汤湖（公园）湖泊面积的82.41%，莲分布区约占全湖面积的10.73%，香蒲分布区约占全湖面积的6.86%。

3. 植物盖度

因全湖人工恢复种植，水生植物盖度在汤湖（公园）不同区域差异较小。其中，修复区的沉水植物盖度为0.9～1，几乎为全覆盖（图2-23）；香蒲分布区的水生植物盖度为0.7～1，从沿岸往湖心盖度逐渐减少（图2-24）；莲分布区的水生植物盖度为0.5～1（图2-25）。全湖水生植物盖度的空间分布如图2-26所示。

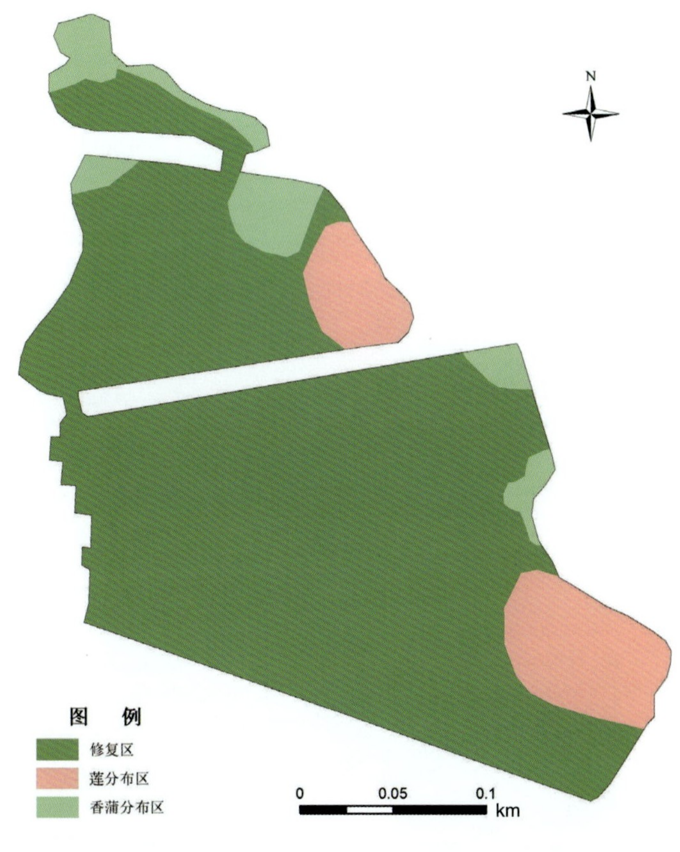

图2-22 汤湖（公园）水生植物空间分布

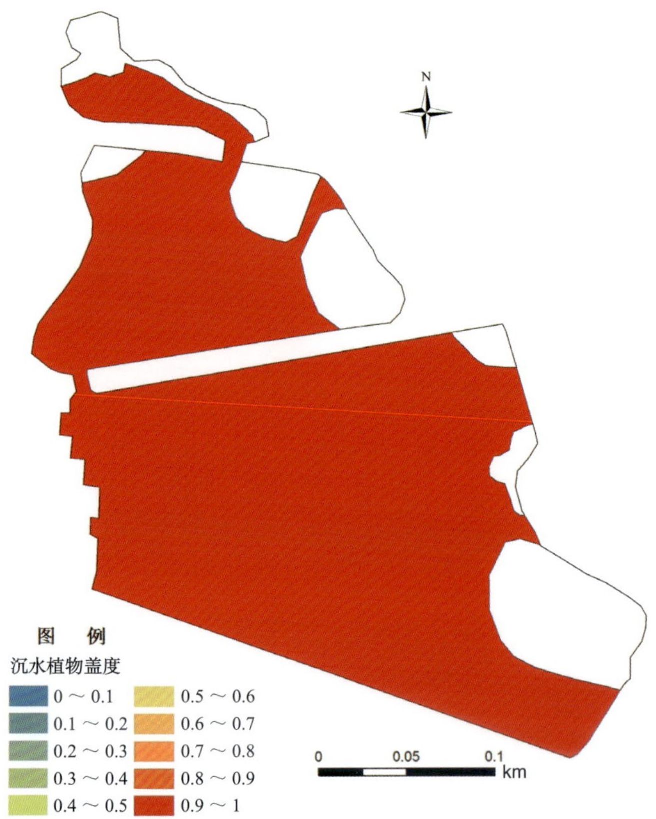

图 2-23　汤湖（公园）修复区沉水植物盖度空间分布

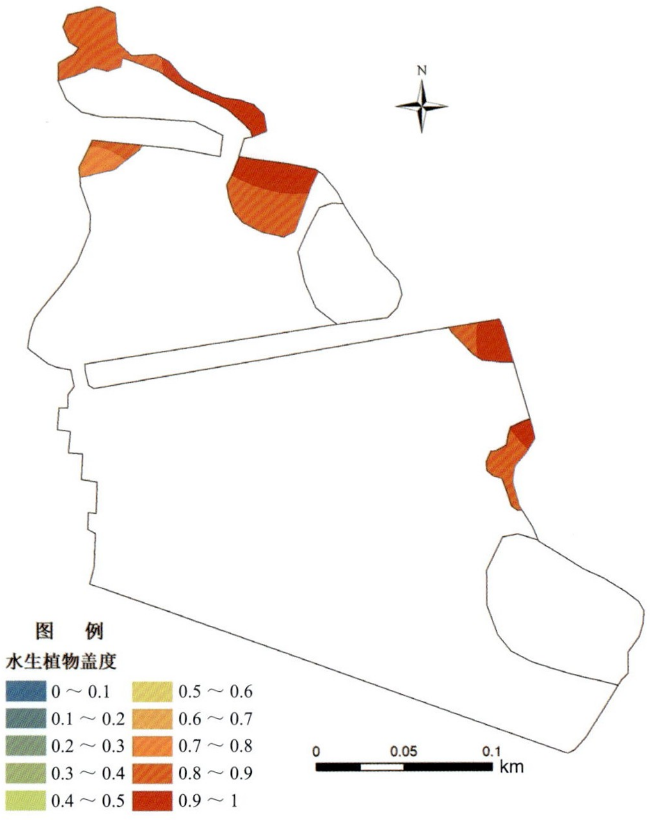

图 2-24　汤湖（公园）香蒲分布区水生植物盖度空间分布

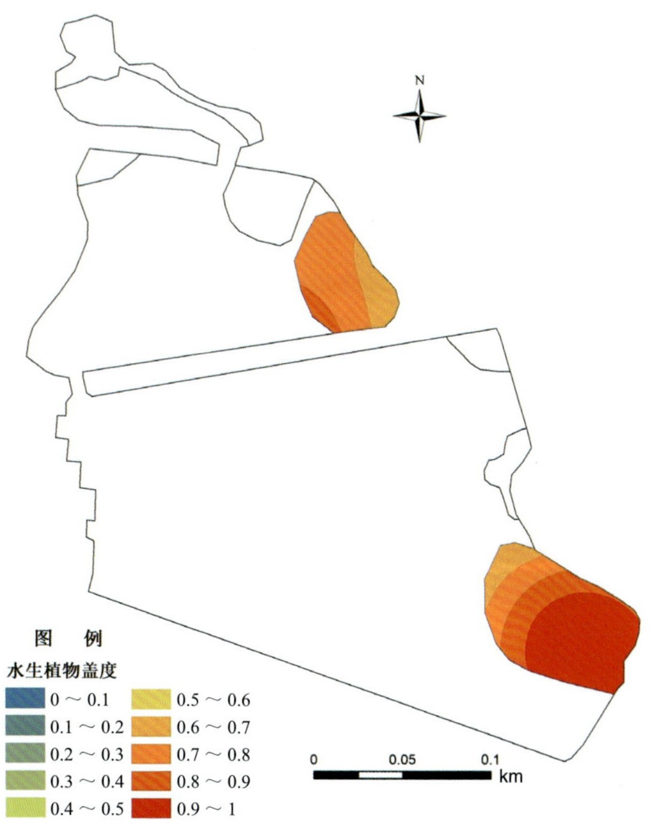

图 2-25 汤湖（公园）莲分布区水生植物盖度空间分布

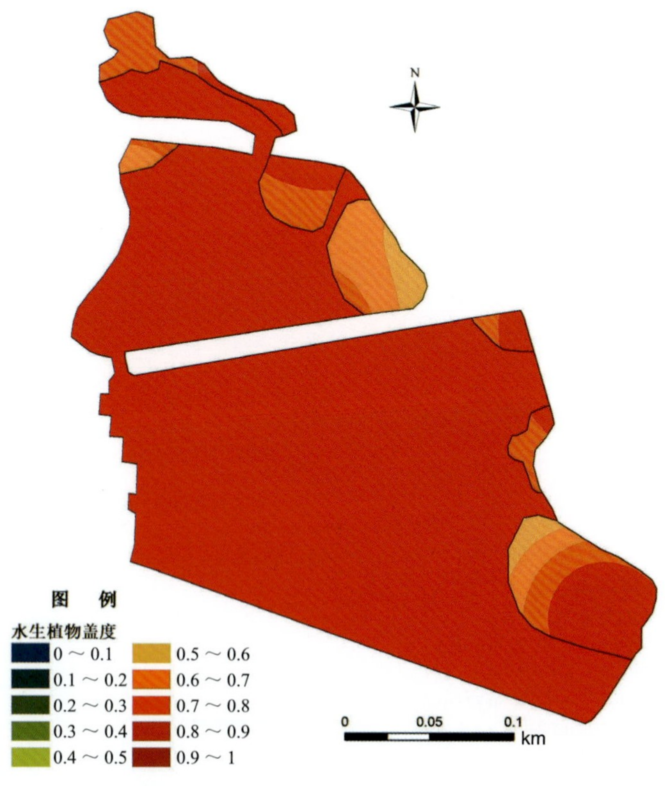

图 2-26 汤湖（公园）水生植物盖度全湖空间分布

4. 生物量和多样性指数

（1）全湖生物量估算

根据样方调查的结果，莲群丛单位面积水生植物生物量（鲜重）为 11.06 ～ 22.82 kg/m^2，结合其分布面积，全湖莲群丛生物量（鲜重）约为 33.88 t。香蒲分布区单位面积水生植物生物量（鲜重）为 0.16 ～ 15.14 kg/m^2，结合香蒲群丛的空间分布及面积，全湖香蒲分布区水生植物生物量（鲜重）约为 32.44 t。沉水植物修复区单位面积水生植物生物量（鲜重）为 1.19 ～ 15.38 kg/m^2，结合沉水植物群丛的空间分布及面积，全湖沉水植物分布区水生植物生物量（鲜重）约为 121.22 t。

（2）多样性

根据物种丰富度指数、α 多样性指数和 β 多样性指数的计算公式得出汤湖（公园）的生物多样性指数，见表 2-12。

表 2-12　汤湖（公园）水生植物多样性指数

多样性指数		最大值	最小值	平均值
物种丰富度指数（S）		5	2	3.25
α 多样性指数	Shannon-Wiener 指数（H'）	1.31	0.42	0.86
	Pielou 指数（E）	0.89	0.61	0.75
	Simpson 指数（P）	0.71	0.26	0.50
β 多样性指数	Sørensen 指数（SI）	1	0.57	0.80
	Jaccard 指数（C_J）	1	0.40	0.70
	Cody 指数（β_C）	1.50	0.00	0.66

5. 主要水生植物群丛

汤湖（公园）主要水生植物群丛及湖泊俯瞰全貌如图 2-27 所示。

图 2-27　汤湖（公园）主要水生植物群丛及湖泊俯瞰全貌

2.2.6 万家湖水生植物状况

1. 主要种类

本次调查中，万家湖全湖正在进行生态修复，水生植物的主要种类有美人蕉、芦苇、香蒲、再力花、莲、水蓼、泽泻、断节莎、水鳖、荇菜、天胡荽、空心莲子草、苦草、黑藻共 14 种，其中挺水植物 8 种、浮叶植物 4 种、沉水植物 2 种（表 2-13）。

表 2-13 万家湖水生植物主要种类

类型	序号	种	拉丁名
挺水植物	1	香蒲	*Typha orientalis* C. Presl
	2	芦苇	*Phragmites australis* (Cav.) Trin. ex Steud.
	3	莲	*Nelumbo nucifera* Gaertn.
	4	美人蕉	*Canna indica* L.
	5	再力花	*Thalia dealbata* Fraser
	6	水蓼	*Persicaria hydropiper* (L.) Spach
	7	泽泻	*Alisma plantago-aquatica* L.
	8	断节莎	*Cyperus odoratus* L.
浮叶植物	9	空心莲子草	*Alternanthera philoxeroides* (Mart.) Griseb.
	10	水鳖	*Hydrocharis dubia* (Bl.) Backer
	11	荇菜	*Nymphoides peltata* (S. G. Gmel.) Kuntze
	12	天胡荽	*Hydrocotyle sibthorpioides* Lam.
沉水植物	13	苦草	*Vallisneria natans* (Lour.) Hara
	14	黑藻	*Hydrilla verticillata* (L. f.) Royle

2. 空间分布

调查期间万家湖全湖正在进行水生态修复，湖中种植了苦草和黑藻，沿岸带种植或保留了原有的挺水植物。其中，湖中沉水植物布满全湖，苦草和黑藻各自成片分布；挺水植物分布于湖岸带，在人为修复工程的背景下呈现出有规律的斑块分布，主要有香蒲群丛、泽泻群丛和芦苇群丛等，主要分布在西部湖区，而莲主要分布在东部湖区；浮叶植物主要分布在湖泊西部的浮岛区域，主要为天胡荽等，夹杂分布着一些空心莲子草、荇菜等（图 2-28）。经统计，

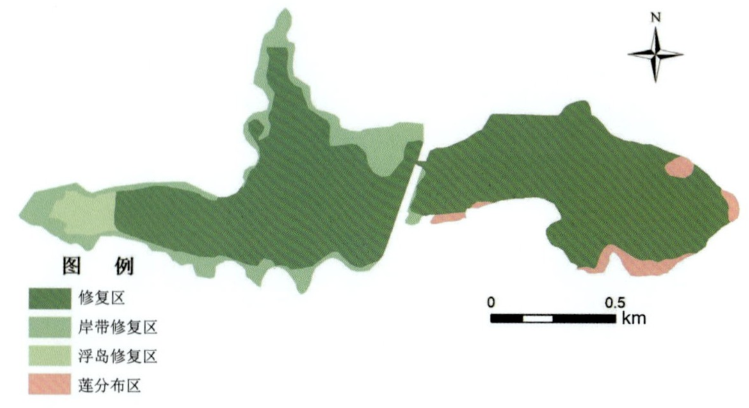

图 2-28 万家湖水生植物空间分布

修复区面积约占万家湖湖泊面积的 79.26%，莲分布区约占全湖面积的 3.31%，浮岛修复区约占全湖面积的 3.07%，岸带修复区约占全湖面积的 14.36%。

3. 植物盖度

万家湖中的水生植物盖度在不同区域差异较大。其中，湖中修复区的沉水植物盖度高，为 0.7 ～ 1（图 2-29）；莲分布区的盖度为 0.1 ～ 1，差异较大（图 2-30）；岸带修复区的水生植物盖度为 0.4 ～ 1，南部和西部盖度高（图 2-31）；浮岛修复区的水生植物盖度为 0.4 ～ 0.5（图 2-32）。全湖水生植物盖度为 0.1 ～ 1，其分布如图 2-33 所示。

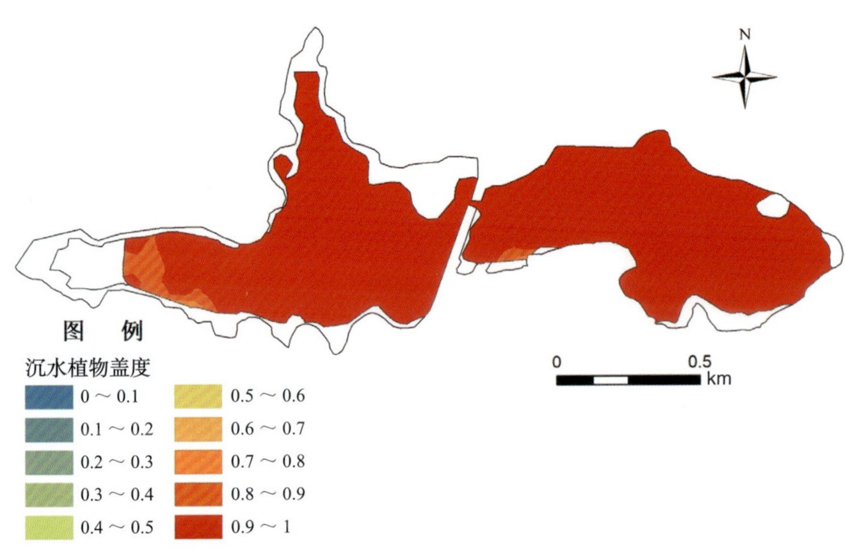

图 2-29　万家湖修复区沉水植物盖度空间分布

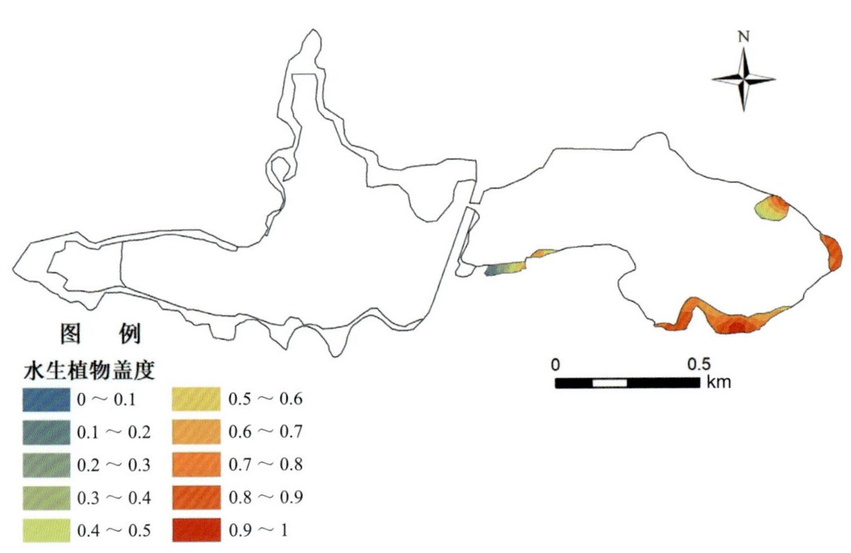

图 2-30　万家湖莲分布区水生植物盖度空间分布

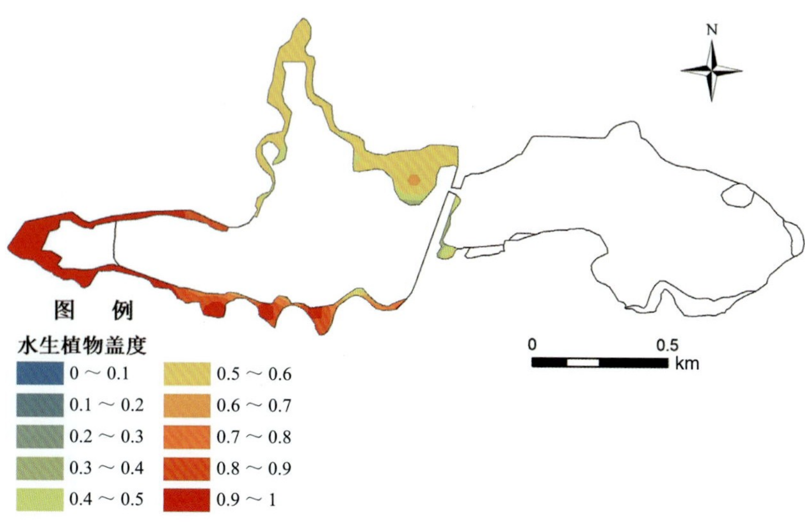

图 2-31 万家湖岸带修复区水生植物盖度空间分布

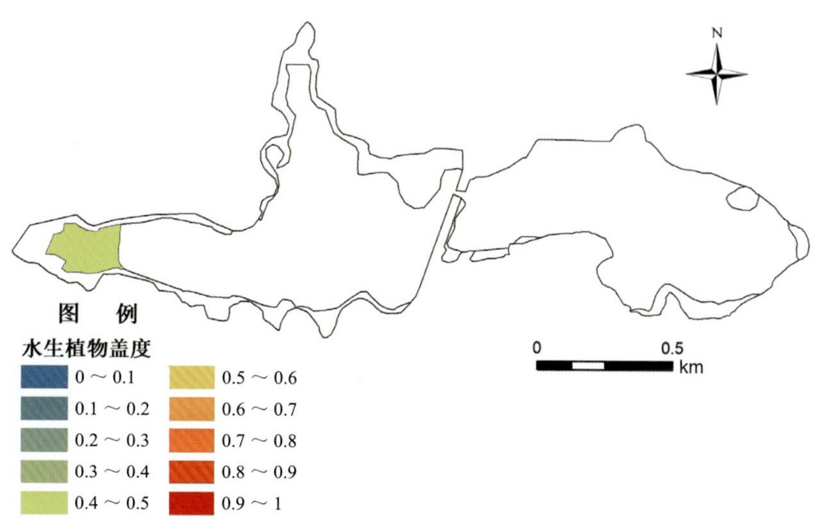

图 2-32 万家湖浮岛修复区水生植物盖度空间分布

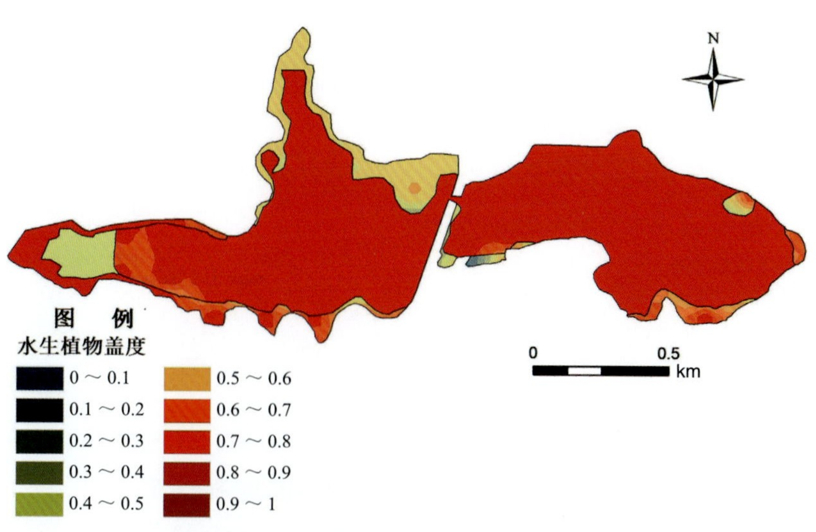

图 2-33 万家湖水生植物盖度全湖空间分布

4. 生物量和多样性指数

（1）全湖生物量估算

根据样方调查的结果，莲群丛单位面积水生植物生物量（鲜重）为 2.52 ～ 5.27 kg/m^2，结合其分布面积，全湖莲群丛生物量（鲜重）约为 150.94 t。岸带修复区单位面积水生植物生物量（鲜重）为 3.15 ～ 8.04 kg/m^2，结合岸带植物群丛的空间分布及面积，全湖岸带水生植物生物量（鲜重）约为 886.52 t。浮岛修复区单位面积水生植物生物量（鲜重）为 0.05 ～ 0.52 kg/m^2，结合浮岛修复区植物群丛的空间分布及面积，全湖浮岛区水生植物生物（鲜重）约为 7.99 t。沉水植物修复区单位面积水生植物生物量（鲜重）为 1.77 ～ 2.37 kg/m^2，结合沉水植物群丛的空间分布及面积，全湖沉水植物分布区水生植物生物量（鲜重）约为 1 712.27 t。

（2）多样性

根据物种丰富度指数、α 多样性指数和 β 多样性指数的计算公式得出万家湖的生物多样性指数，见表 2-14。

表 2-14　万家湖水生植物多样性指数

多样性指数		最大值	最小值	平均值
物种丰富度指数（S）		12	2	6.19
α 多样性指数	Shannon-Wiener 指数（H'）	1.74	0.23	1.03
	Pielou 指数（E）	0.87	0.33	0.66
	Simpson 指数（P）	0.78	0.11	0.52
β 多样性指数	Sørensen 指数（SI）	1	0	0.57
	Jaccard 指数（C_J）	1	0	0.47
	Cody 指数（β_C）	6	0	2.68

5. 主要水生植物群丛

万家湖主要水生植物群丛及湖泊俯瞰全貌如图 2-34 所示。

图 2-34　万家湖主要水生植物群丛及湖泊俯瞰全貌

2.2.7 莲花湖水生植物状况

1. 主要种类

莲花湖分东、西两部分，其中西部湖区已完成生态修复工作，东部湖区尚未修复。莲花湖主要的水生植物有再力花、梭鱼草、莲、美人蕉、空心莲子草、天胡荽、欧菱、睡莲、苦草共 9 种，其中挺水植物 4 种、浮叶植物 4 种、沉水植物 1 种（表 2-15）。

表 2-15 莲花湖水生植物主要种类

类型	序号	种	拉丁名
挺水植物	1	莲	*Nelumbo nucifera* Gaertn.
	2	美人蕉	*Canna indica* L.
	3	再力花	*Thalia dealbata* Fraser
	4	梭鱼草	*Pontederia cordata* L.
浮叶植物	5	睡莲	*Nymphaea tetragona* Georgi
	6	空心莲子草	*Alternanthera philoxeroides* (Mart.) Griseb.
	7	欧菱	*Trapa natans* L.
	8	天胡荽	*Hydrocotyle sibthorpioides* Lam.
沉水植物	9	苦草	*Vallisneria natans* (Lour.) Hara

2. 空间分布

现状调查的结果表明，莲花湖的水生植物在空间分布上呈现出不均匀的特征（图 2-35）。沉水植物主要分布在西部湖区，即修复区；莲主要分布在东部湖区（未修复区）的南岸，其中还分布有一些欧菱等；浮岛修复区在东部湖区湖心，主要分布有天胡荽和空心莲子草。再力花、美人蕉、梭鱼草等偶见于沿岸。经统计，修复区面积约占莲花湖湖泊面积的 21.61%，莲分布区约占全湖面积的 8.24%，未修复区约占全湖面积的 68.55%，浮岛修复区约占全湖面积的 1.60%。

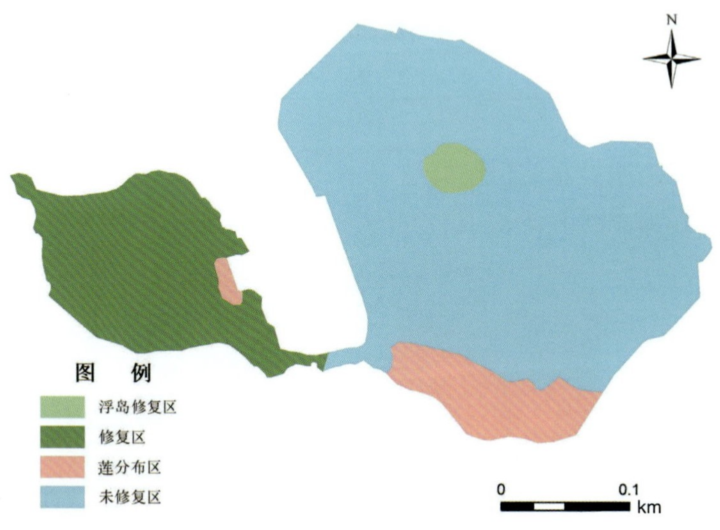

图 2-35 莲花湖水生植物空间分布

3. 植物盖度

莲花湖水生植物盖度在不同区域差异较大。其中，修复区主要为苦草，零星分布有睡莲，沿岸分布有挺水植物，其盖度为 0.5 ～ 1（图 2-36）；未修复区的水生植物盖度极低，仅在岸带零星分布有再力花、梭鱼草、空心莲子草、美人蕉等水生植物（图 2-37）；莲分布区和浮岛修复区的水生植物盖度为 0.3 ～ 1（图 2-38 和图 2-39）；全湖水生植物盖度差异较大，为 0 ～ 1（图 2-40）。

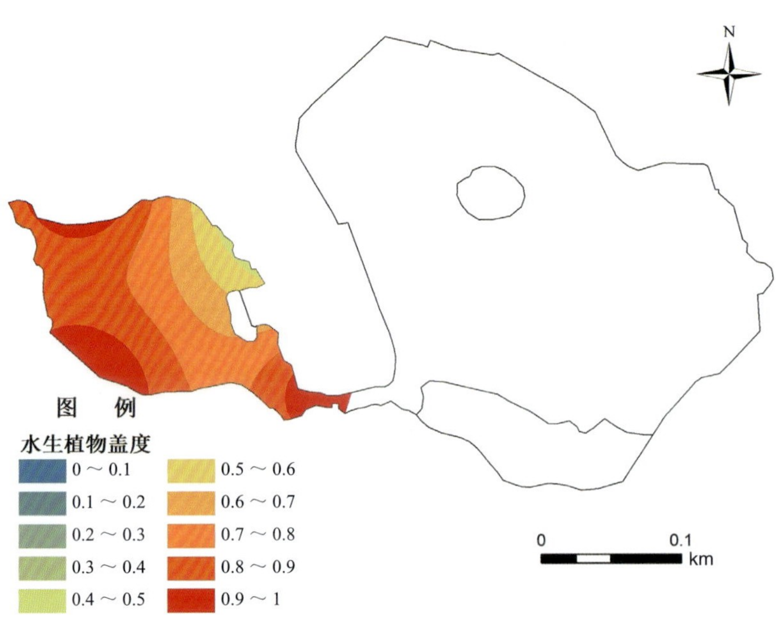

图 2-36　莲花湖修复区水生植物盖度空间分布

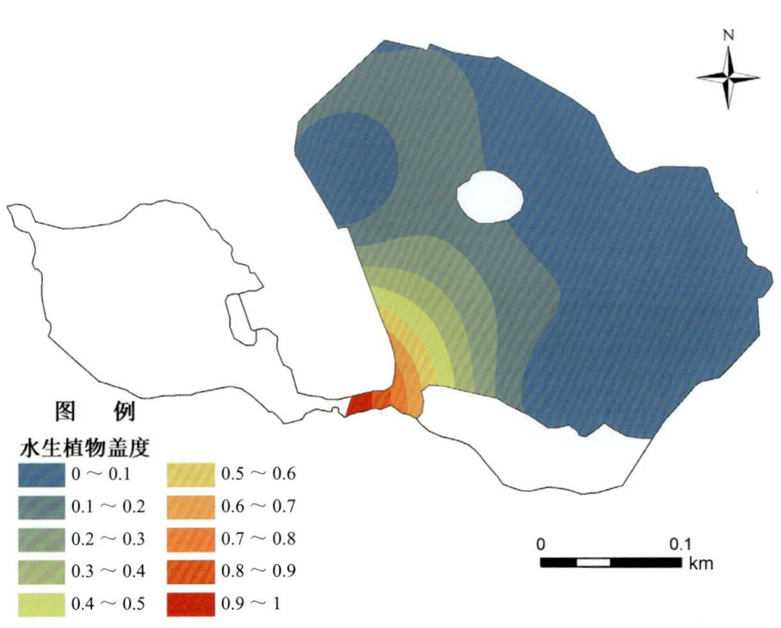

图 2-37　莲花湖未修复区水生植物盖度空间分布

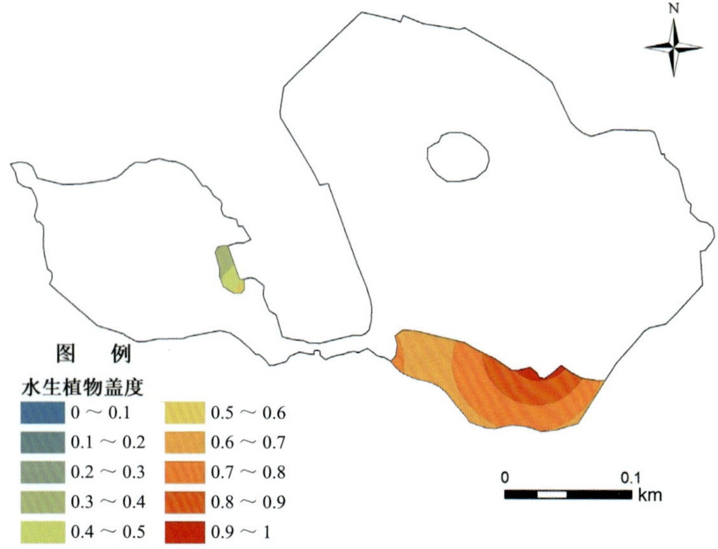

图 2-38 莲花湖莲分布区水生植物盖度空间分布

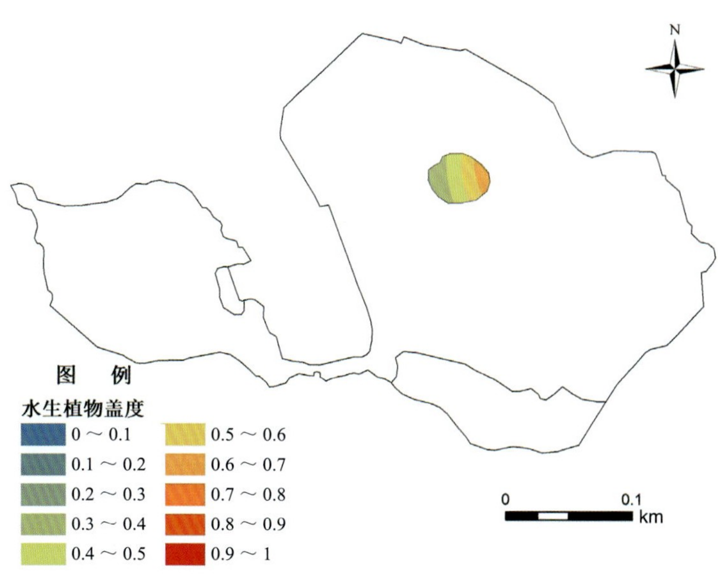

图 2-39 莲花湖浮岛修复区水生植物盖度空间分布

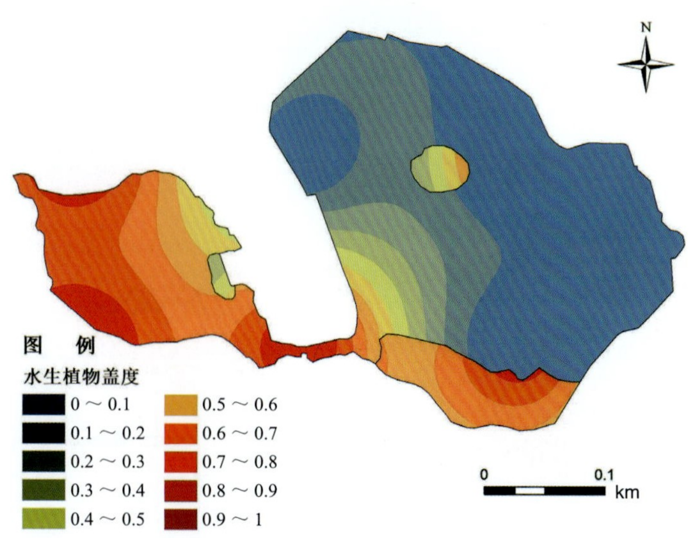

图 2-40 莲花湖水生植物盖度全湖空间分布

4. 生物量和多样性指数

（1）全湖生物量估算

根据样方调查的结果，莲群丛单位面积水生植物生物量（鲜重）为 5.23 kg/m^2，结合其分布面积，全湖莲群丛生物量（鲜重）约为 33.08 t。浮岛修复区单位面积水生植物生物量（鲜重）为 0.10 ～ 2.80 kg/m^2，结合该修复区群丛的空间分布及面积，全湖浮岛修复区水生植物生物量（鲜重）约为 3.43 t。沉水植物修复区单位面积水生植物生物量（鲜重）为 0. 01 ～ 2.30 kg/m^2，结合沉水植物群丛的空间分布及面积，全湖沉水植物分布区水生植物生物量（鲜重）约为 34.08 t。莲花湖未修复区单位面积水生植物生物量（鲜重）为 0.01 ～ 0.68 kg/m^2，结合植物群丛的空间分布及面积，全湖未修复区水生植物生物量（鲜重）约为 8.19 t。

（2）多样性

根据物种丰富度指数、α 多样性指数和 β 多样性指数的计算公式得出莲花湖的生物多样性指数，见表 2-16。

表 2-16　莲花湖水生植物多样性指数

多样性指数		最大值	最小值	平均值
物种丰富度指数（S）		3	0	1.10
α 多样性指数	Shannon-Wiener 指数（H'）	0.52	0	0.19
	Pielou 指数（E）	0.72	0.29	0.48
	Simpson 指数（P）	1	0.10	0.60
β 多样性指数	Sørensen 指数（SI）	1	0	0.14
	Jaccard 指数（C_J）	1	0	0.13
	Cody 指数（β_C）	2.50	0	0.87

5. 主要水生植物群丛

莲花湖主要水生植物群丛及湖泊俯瞰全貌如图 2-41。

图 2-41 莲花湖主要水生植物群丛及湖泊俯瞰全貌

2.2.8 龙阳湖水生植物状况

1. 主要种类

调查期间龙阳湖尚未全面开展水生态修复，水生植物多集中在沿岸，主要种类有水蓼、空心莲子草、凤眼莲、芦苇、莲、香蒲、粉绿狐尾藻、断节莎、美人蕉、菖蒲、双穗雀稗、菰共 12 种，其中挺水植物 9 种、浮叶植物 3 种、沉水植物未见（表 2-17）。

表 2-17 龙阳湖水生植物主要种类

类型	序号	种	拉丁名
挺水植物	1	莲	*Nelumbo nucifera* Gaertn.
	2	香蒲	*Typha orientalis* C. Presl
	3	芦苇	*Phragmites australis* (Cav.) Trin. ex Steud.
	4	美人蕉	*Canna indica* L.
	5	双穗雀稗	*Paspalum distichum* L.
	6	菰	*Zizania latifolia* (Griseb.) Turcz. ex Stapf
	7	水蓼	*Persicaria hydropiper* (L.) Spach
	8	断节莎	*Cyperus odoratus* L.
	9	菖蒲	*Acorus calamus* L.
浮叶植物	10	空心莲子草	*Alternanthera philoxeroides* (Mart.) Griseb.
	11	凤眼莲	*Eichhornia crassipes* (Mart.) Solms
	12	粉绿狐尾藻	*Myriophyllum aquaticum* (Vell.) Verdc.

2. 空间分布

现状调查的结果表明，龙阳湖的水生植物在空间分布上呈现出不均匀的特征（图 2-42）。除沿岸分布有挺水植物外，湖中几乎没发现沉水植物。成片的挺水植物主要分布在湖泊西岸，主要为莲群丛，杂生芦苇、香蒲、菰、水蓼等挺水植物。沿南岸除芦苇、香蒲等挺水植物偶见分布外，还可偶见空心莲子草、凤眼莲和粉绿狐尾藻等浮叶植物。经统计，莲分布区约占龙阳湖全湖面积

的 3.67%，未修复区约占全湖面积的 96.33%。

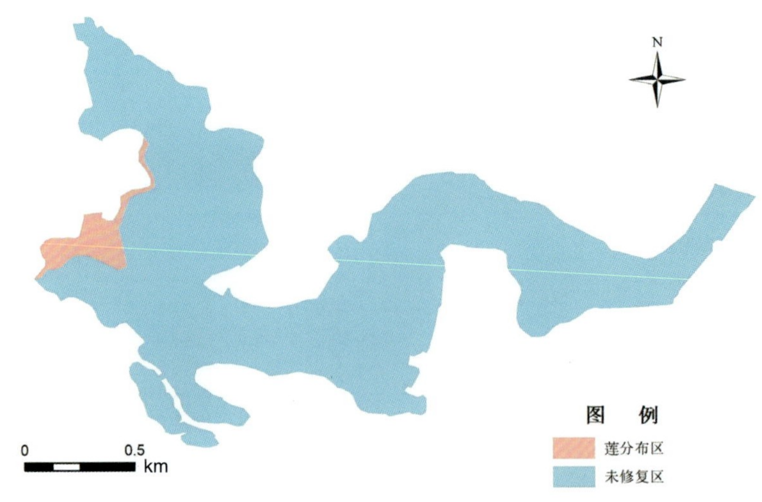

图 2-42　龙阳湖水生植物空间分布

3. 植物盖度

龙阳湖的水生植物盖度在不同区域差异较大。沿岸带挺水植物较多，但大多零星分布，仅西部湖湾的莲群丛水生植物盖度较高，其余湖区（未修复区）的水生植物盖度极低（图 2-43）。在西部湖湾莲群丛，水生植物盖度为 0.4 ～ 1（图 2-44），沿岸线盖度高，往湖心方向盖度降低。全湖水生植物盖度为 0 ～ 1，高值分布在西部湖湾（图 2-45）。

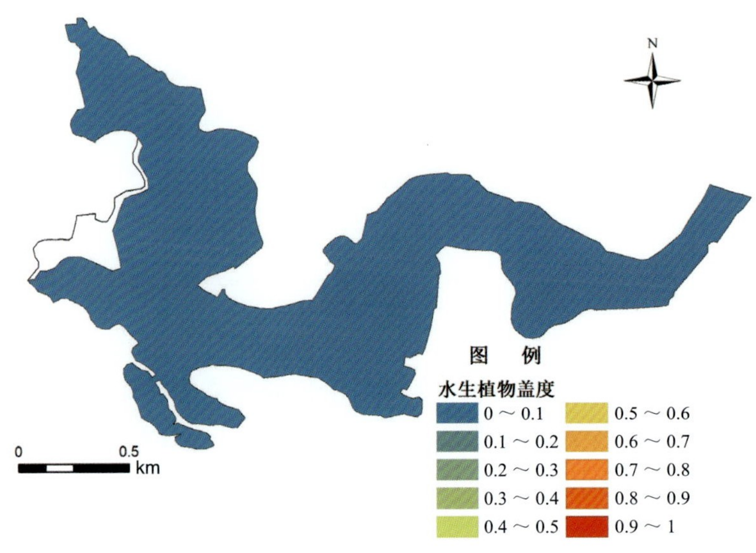

图 2-43　龙阳湖未修复区水生植物盖度空间分布

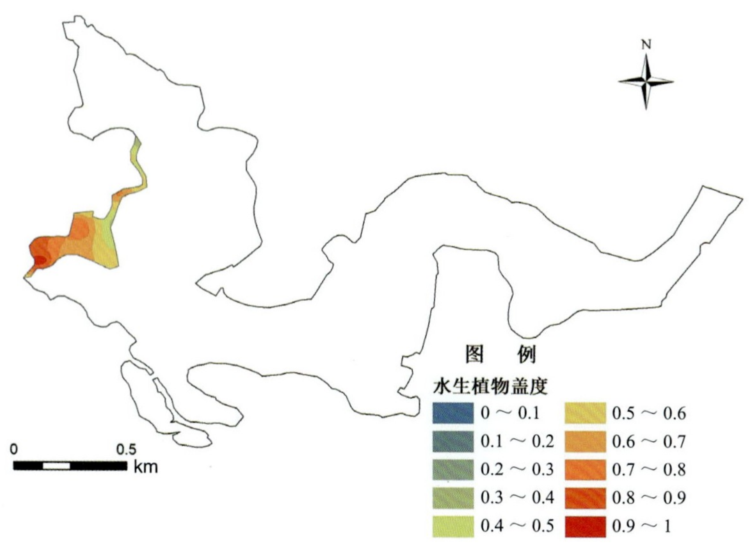

图 2-44　龙阳湖莲分布区水生植物盖度空间分布

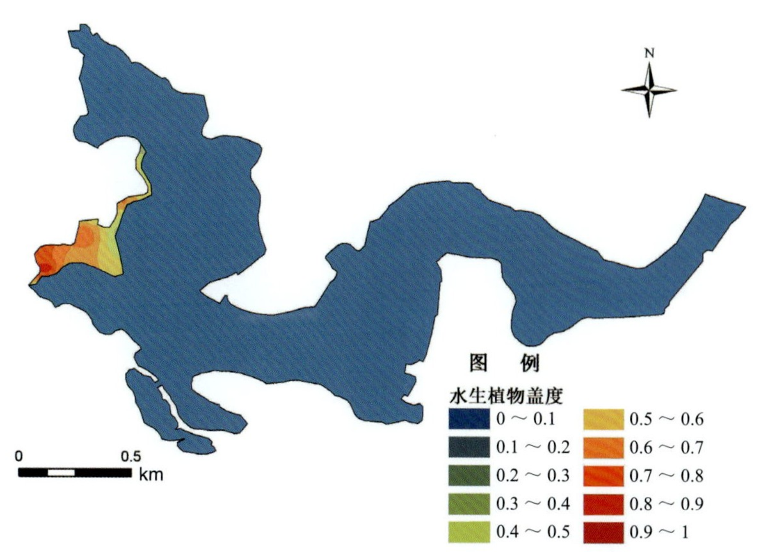

图 2-45　龙阳湖水生植物盖度全湖空间分布

4. 生物量和多样性指数

（1）全湖生物量估算

根据龙阳湖水生植物样方调查的结果，莲群丛单位面积水生植物生物量（鲜重）为 1.48 ~ 4.86 kg/m^2，结合其分布面积，全湖莲群丛生物量（鲜重）约为 233.34 t。未修复区水生植物生物量几乎为 0。

（2）多样性

根据物种丰富度指数、α 多样性指数和 β 多样性指数的计算公式得出龙阳湖的生物多样性指数，见表 2-18。

表 2-18　龙阳湖水生植物多样性指数

多样性指数		最大值	最小值	平均值
物种丰富度指数（S）		10	0	0.45
α 多样性指数	Shannon-Wiener 指数（H'）	0.92	0	0.03
	Pielou 指数（E）	0.40	0.13	0.24
	Simpson 指数（P）	1	0	0.92
β 多样性指数	Sørensen 指数（SI）	1	0	0.02
	Jaccard 指数（C_J）	1	0	0.02
	Cody 指数（β_C）	5	0	0.43

5. **主要水生植物群丛**

龙阳湖主要水生植物群丛及湖泊俯瞰全貌如图 2-46 所示。

图 2-46　龙阳湖主要水生植物群丛及湖泊俯瞰全貌

2.2.9　墨水湖水生植物状况

1. **主要种类**

调查期间墨水湖全湖正在开展生态修复，主要的水生植物有莲、香蒲、芦苇、菰、梭鱼草、水蓼、双穗雀稗、空心莲子草、欧菱、凤眼莲、浮萍、天胡荽、粉绿狐尾藻、苦草、黑藻共 15 种，其中挺水植物 7 种、浮叶植物 6 种、沉水植物 2 种（表 2-19）。

表 2-19 墨水湖水生植物主要种类

类型	序号	种	拉丁名
挺水植物	1	莲	*Nelumbo nucifera* Gaertn.
	2	香蒲	*Typha orientalis* C. Presl
	3	芦苇	*Phragmites australis* (Cav.) Trin. ex Steud.
	4	梭鱼草	*Pontederia cordata* L.
	5	双穗雀稗	*Paspalum distichum* L.
	6	菰	*Zizania latifolia* (Griseb.) Turcz. ex Stapf
	7	水蓼	*Persicaria hydropiper* (L.) Spach
浮叶植物	8	空心莲子草	*Alternanthera philoxeroides* (Mart.) Griseb.
	9	欧菱	*Trapa natans* L.
	10	凤眼莲	*Eichhornia crassipes* (Mart.) Solms
	11	浮萍	*Lemna minor*
	12	天胡荽	*Hydrocotyle sibthorpioides* Lam.
	13	粉绿狐尾藻	*Myriophyllum aquaticum* (Vell.) Verdc.
沉水植物	14	苦草	*Vallisneria natans* (Lour.) Hara
	15	黑藻	*Hydrilla verticillata* (L. f.) Royle

2. 空间分布

现状调查的结果表明，墨水湖的水生植物在空间分布上呈现出显著的特点（图 2-47）。沿岸线分布多处成片的莲群丛和天胡荽群丛，其余湖面主要为沉水植物分布区域。在湖湾的莲群丛中分布有香蒲、芦苇、梭鱼草、双穗雀稗、菰、空心莲子草、凤眼莲等；在湖岸线偶见欧菱、浮萍和粉绿狐尾藻等水生植物。经统计，修复区面积约占墨水湖湖泊面积的 93.58%，莲分布区约占全湖面积的 5.53%，浮岛修复区约占全湖面积的 0.89%。

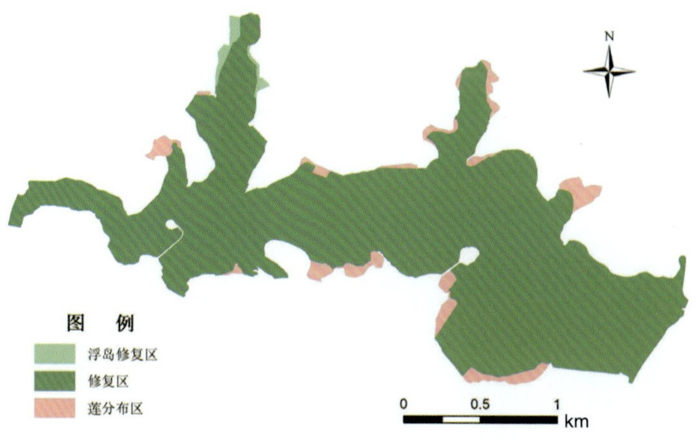

图 2-47 墨水湖水生植物空间分布

3. 植物盖度

墨水湖水生植物盖度在不同区域差异较大。其中，修复区的水生植物还处于恢复期，大部分区域的盖度为 0 ～ 0.5，部分湖湾的盖度较高，可达 0.5 以上（图 2-48）。莲分布区的水生植物盖度高，在 0.6 以上，沿岸盖度高，往湖心盖度降低（图 2-49）。墨水湖在湖中布置有少量人工浮岛，主要在北部的一个湖湾，其盖度高，为 0.9 ～ 1（图 2-50）。全湖水生植物盖度如图 2-51 所示。

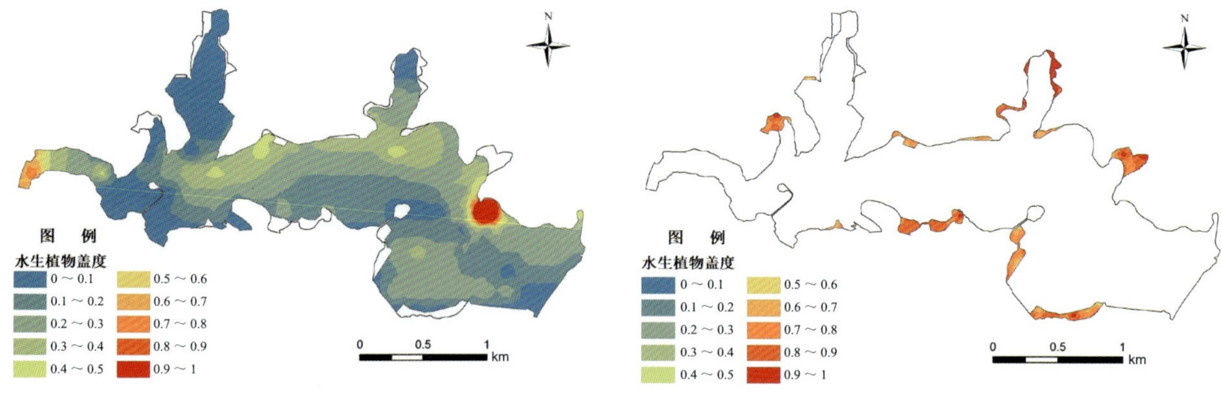

图 2-48　墨水湖修复区水生植物盖度空间分布　　图 2-49　墨水湖莲分布区水生植物盖度空间分布

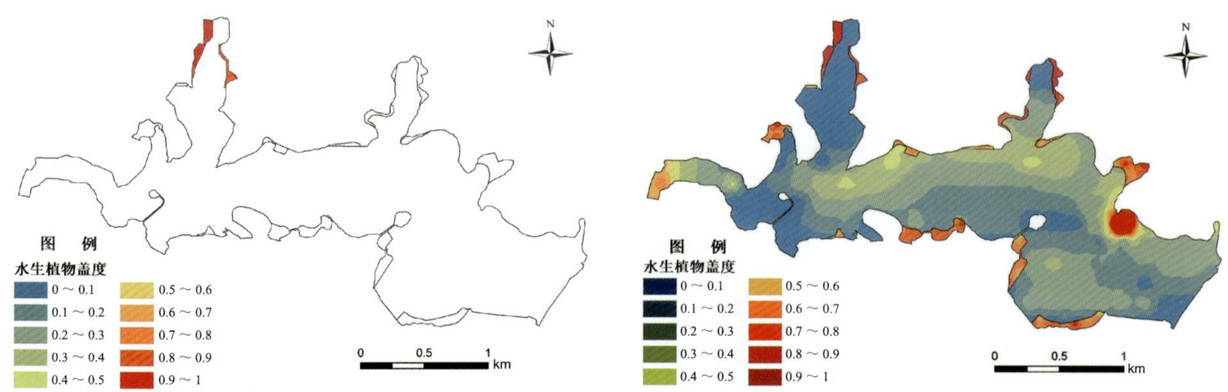

图 2-50　墨水湖浮岛修复区水生植物盖度空间分布　　图 2-51　墨水湖水生植物盖度全湖空间分布

4. 生物量和多样性指数

（1）全湖生物量估算

根据样方调查的结果，莲群丛单位面积水生植物生物量（鲜重）为 2.50 ～ 5.14 kg/m^2，结合其分布面积，全湖莲群丛生物量（鲜重）约为 828.65 t。浮岛修复区单位面积水生植物生物量（鲜重）为 3.62 ～ 3.88 kg/m^2，结合该区植物群丛的空间分布及面积，全湖浮岛修复区水生植物生物量（鲜重）约为 103.27 t。修复区单位面积水生植物生物量（鲜重）为 0.08 ～ 1.99 kg/m^2，结合该区沉水植物群丛的空间分布及面积，全湖修复区水生植物生物量（鲜重）约为 1 516.77 t。

（2）多样性

根据物种丰富度指数、α 多样性指数和 β 多样性指数的计算公式得出墨水湖的生物多样性指数，见表 2-20。

表 2-20 墨水湖水生植物多样性指数

多样性指数		最大值	最小值	平均值
物种丰富度指数（S）		12	0	2.23
α 多样性指数	Shannon-Wiener 指数（H'）	1.25	0	0.20
	Pielou 指数（E）	0.65	0.10	0.36
	Simpson 指数（P）	1.00	0	0.31
β 多样性指数	Sørensen 指数（SI）	1	0	0.32
	Jaccard 指数（C_J）	1	0	0.29
	Cody 指数（β_C）	8	0	1.60

5. 主要水生植物群丛

墨水湖主要水生植物群丛及湖泊俯瞰全貌如图 2-52 所示。

图 2-52 墨水湖主要水生植物群丛及湖泊俯瞰全貌

2.2.10 月湖水生植物状况

1. 主要种类

月湖开展过全湖的生态修复，调查获得的主要水生植物有莲、香蒲、芦苇、荇菜、空心莲子草、欧菱、苦草、金鱼藻、竹叶眼子菜共 9 种，其中挺水植物 3 种、浮叶植物 3 种、沉水植物 3 种（表 2-21）。

表 2–21　月湖水生植物主要种类

类型	序号	种	拉丁名
挺水植物	1	莲	*Nelumbo nucifera* Gaertn.
	2	香蒲	*Typha orientalis* C. Presl
	3	芦苇	*Phragmites australis* (Cav.) Trin. ex Steud.
浮叶植物	4	荇菜	*Nymphoides peltata* (S. G. Gmel.) Kuntze
	5	空心莲子草	*Alternanthera philoxeroides* (Mart.) Griseb.
	6	欧菱	*Trapa natans* L.
沉水植物	7	苦草	*Vallisneria natans* (Lour.) Hara
	8	竹叶眼子菜	*Potamogeton wrightii* Morong
	9	金鱼藻	*Ceratophyllum demersum* L.

2. 空间分布

现状调查的结果表明，月湖的水生植物在空间分布上呈现出显著特点（图 2-53）。月湖水生植物包括以莲群丛为主和以沉水植物为主的 2 个分布区。其中，莲群丛分布较广，岸带杂生香蒲、芦苇、空心莲子草等水生植物；沉水植物分布区（生态修复区）分为东部和西部两块，以苦草和金鱼藻为主，零星分布竹叶眼子菜、荇菜、欧菱等水生植物。经统计，生态修复区面积约占月湖湖泊面积的 27.50%，莲分布区约占全湖面积的 72.5%。

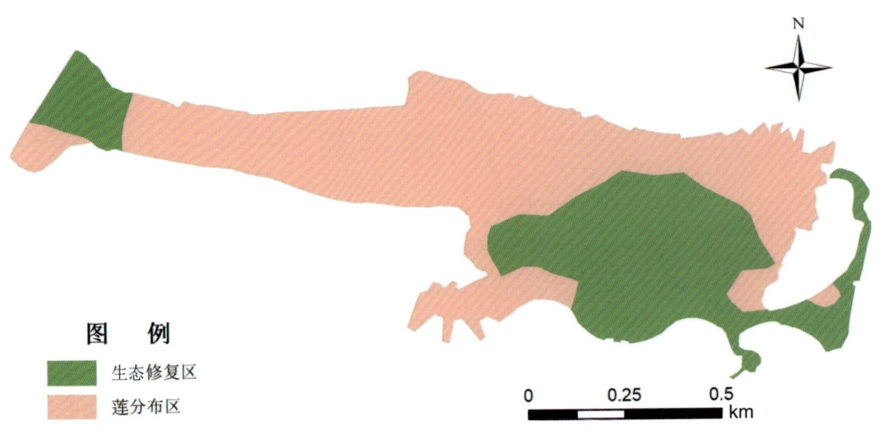

图 2–53　月湖水生植物空间分布

3. 植物盖度

月湖的水生植物盖度在不同区域差异较大。其中，沉水植物分布区（生态修复区）的水生植物盖度较低，为 0 ～ 0.4，其中东部湖区的盖度高于西部湖区（图 2-54）。莲分布区的水生植物盖度高，在 0.5 以上，大部分区域盖度为 0.8 以上（图 2-55）。全湖水生植物盖度的空间分布如图 2-56 所示。

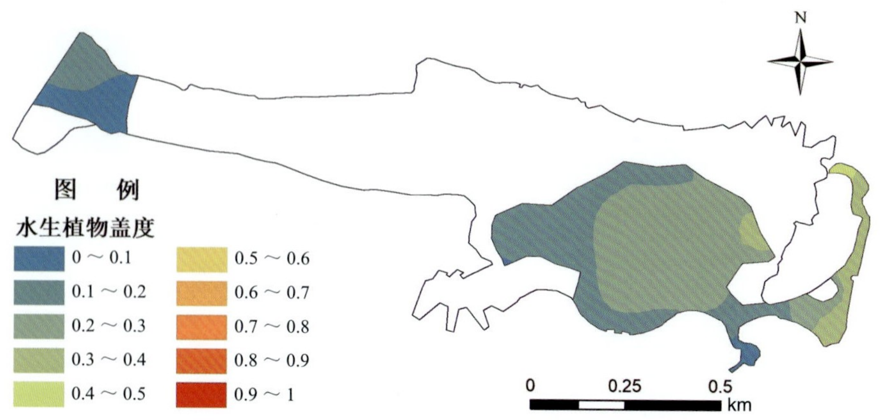

图 2-54 月湖生态修复区水生植物盖度空间分布

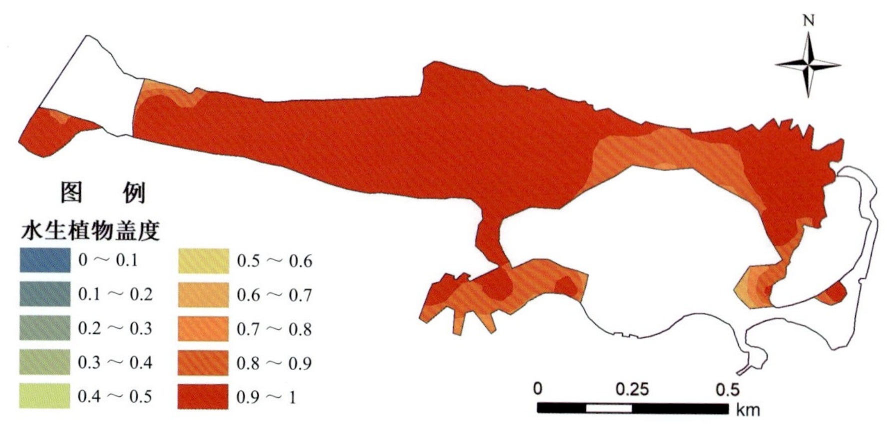

图 2-55 月湖莲分布区水生植物盖度空间分布

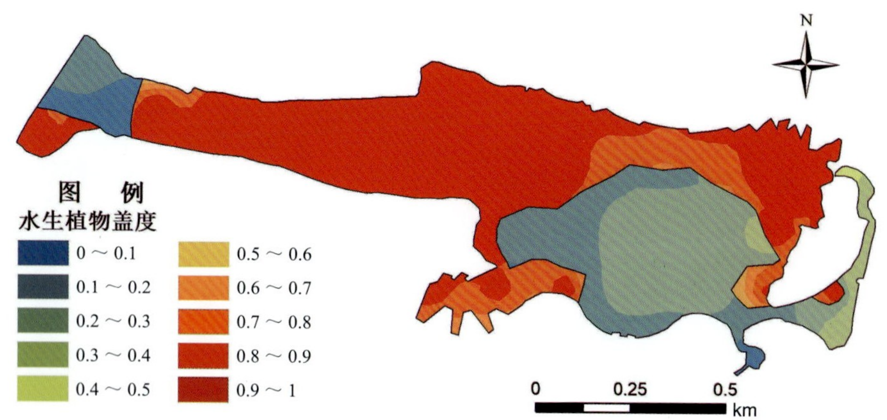

图 2-56 月湖水生植物盖度全湖空间分布

4. 生物量和多样性指数

（1）全湖生物量估算

根据样方调查的结果，莲群丛单位面积水生植物生物量（鲜重）为 3.43 ～ 6.25 kg/m^2，结合其分布面积，全湖莲群丛生物量（鲜重）约为 2 210.99 t。沉水植物分布区（生态修复区）单位面积水生植物生物量（鲜重）为 0.16 ～ 1.80 kg/m^2，结合沉水植物群丛的空间分布及面积，全湖沉水植物分布区的水生植物生物量（鲜重）约为 162.90 t。

（2）多样性

根据物种丰富度指数、α 多样性指数和 β 多样性指数的计算公式得出月湖的生物多样性指数，见表 2-22。

表 2-22　月湖水生植物多样性指数

多样性指数		最大值	最小值	平均值
物种丰富度指数（S）		10	0	4.13
α 多样性指数	Shannon-Wiener 指数（H'）	1.44	0	0.65
	Pielou 指数（E）	0.76	0.16	0.49
	Simpson 指数（P）	1	0	0.39
β 多样性指数	Sørensen 指数（SI）	1	0	0.59
	Jaccard 指数（C_J）	1	0	0.54
	Cody 指数（β_C）	5	0	1.41

5. 主要水生植物群丛

月湖主要水生植物群丛及湖泊俯瞰全貌如图 2-57 所示。

图 2-57　月湖主要水生植物群丛及湖泊俯瞰全貌

2.2.11 南湖水生植物状况

1. 主要种类

有关南湖水生植物的历史资料记载较少，现状调查表明，其水生植物种类较少（表 2-23），共鉴定主要水生植物 13 种，其中挺水植物 9 种、浮叶植物 1 种、沉水植物 3 种。挺水植物和沉水植物多数种类由人工修复时种植。

表 2-23 南湖水生植物主要种类

类型	序号	种	拉丁名
挺水植物	1	莲	*Nelumbo nucifera* Gaertn.
	2	香蒲	*Typha orientalis* C. Presl
	3	芦苇	*Phragmites australis* (Cav.) Trin. ex Steud.
	4	美人蕉	*Canna indica* L.
	5	再力花	*Thalia dealbata* Fraser
	6	梭鱼草	*Pontederia cordata* L.
	7	双穗雀稗	*Paspalum distichum* L.
	8	菰	*Zizania latifolia* (Griseb.) Turcz. ex Stapf
	9	水蓼	*Persicariahydropiper* (L.) Spach
浮叶植物	10	空心莲子草	*Alternanthera philoxeroides* (Mart.) Griseb.
沉水植物	11	苦草	*Vallisneria natans* (Lour.) Hara
	12	黑藻	*Hydrilla verticillata* (L. f.) Royle
	13	金鱼藻	*Ceratophyllum demersum* L.

2. 空间分布

现状调查的结果表明，南湖的水生植物主要分布在沿岸带，开阔水面的水生植物稀少（图 2-58）。岸带主要为人工种植的美人蕉、再力花、梭鱼草等挺水植物，以及苦草、黑藻和金鱼藻等沉水植物。另外，在部分湖湾还分布有莲群丛，包括莲、香蒲、芦苇和菰等挺水植物。沿岸偶见水蓼、双穗雀稗和空心莲子草等种类。经统计，修复区面积约占南湖湖泊面积的 22.93%，莲分布区约占全湖面积的 1.61%，未修复区约占全湖面积的 75.46%。

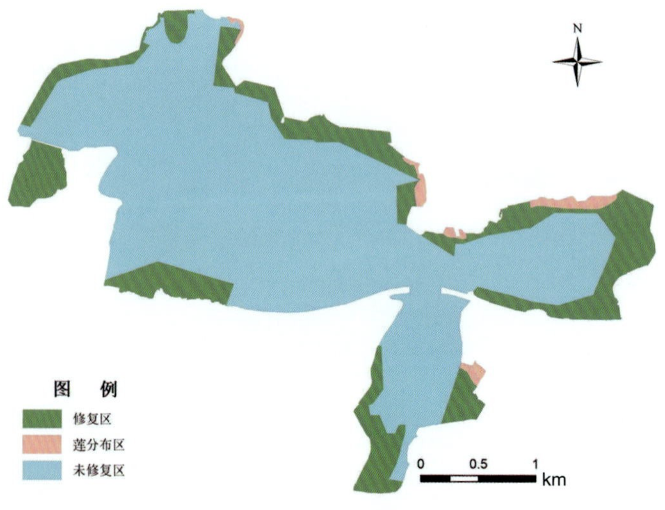

图 2-58 南湖水生植物空间分布

3. 植物盖度

由于南湖水生植物的空间分布存在较大差异，水生植物的盖度在不同区域差异较大。其中，在南湖沿岸带零星分布着挺水植物，成片分布的主要为莲群丛，位于北岸，盖度为 0.5 以上（图 2-59）。修复区的水生植物盖度较高，为 0.3 ～ 1，部分区域沉水植物盖度为 0.9 以上；未修复区的水生植物盖度极低。全湖水生植物盖度的空间分布见图 2-60。

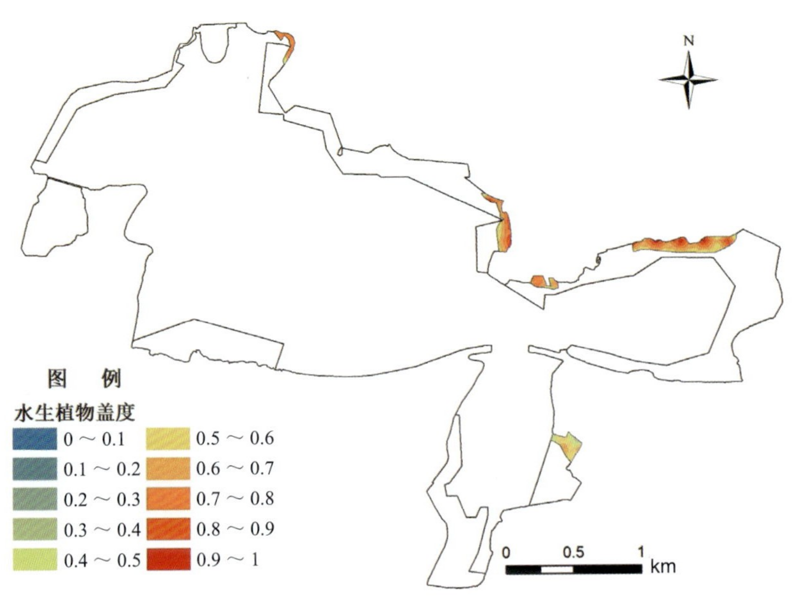

图 2-59　南湖莲分布区水生植物盖度空间分布

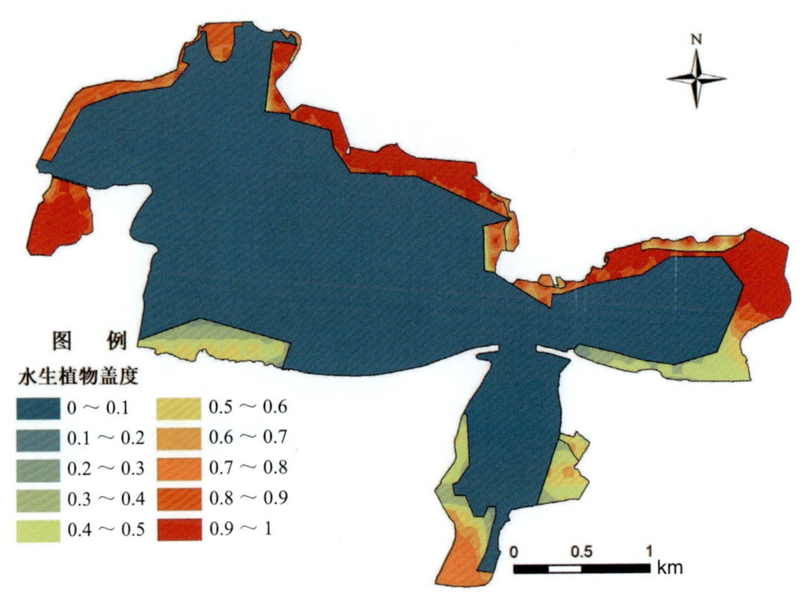

图 2-60　南湖水生植物盖度全湖空间分布

4. 生物量和多样性指数

（1）全湖生物量估算

根据样方调查的结果，莲群丛单位面积水生植物生物量（鲜重）为 0.61 ～ 5.95 kg/m^2，结合其分布面积，全湖莲群丛生物量（鲜重）约为 644.42 t。沉水植物修复区单位面积水生植物生物量（鲜重）为 0.35 ～ 4.20 kg/m^2，结合沉水植物群丛的空间分布及面积，全湖沉水植物分布区水生植物生物量（鲜重）约为 4 672.47 t。

（2）多样性

根据物种丰富度指数、α 多样性指数和 β 多样性指数的计算公式得出南湖的生物多样性指数，见表 2-24。

表 2-24　南湖水生植物多样性指数

多样性指数		最大值	最小值	平均值
物种丰富度指数（S）		12	0	5.51
α 多样性指数	Shannon-Wiener 指数（H'）	1.93	0	0.68
	Pielou 指数（E）	0.78	0.30	0.59
	Simpson 指数（P）	1	0.29	0.85
β 多样性指数	Sørensen 指数（SI）	1	0	0.30
	Jaccard 指数（C_J）	1	0	0.30
	Cody 指数（β_C）	6	0	2.98

5. 主要水生植物群丛

南湖主要水生植物群丛及湖泊俯瞰全貌如图 2-61 所示。

图 2-61　南湖主要水生植物群丛及湖泊俯瞰全貌

2.2.12　汤逊湖水生植物状况

1. 主要种类

汤逊湖水生植物的种类较少，调查中主要发现莲、香蒲、芦苇、双穗雀稗、菰、空心莲子草、凤眼莲、苦草和黑藻共 9 种水生植物，其中主要的挺水植物有 5 种、浮叶植物有 2 种、沉水植物有 2 种（表 2-25）。另外，如再力花、梭鱼草、美人蕉、水蓼、荇菜、水鳖等水生植物在局部湖岸线偶见。

表 2-25　汤逊湖水生植物主要种类

类型	序号	种	拉丁名
挺水植物	1	莲	*Nelumbo nucifera* Gaertn.
	2	香蒲	*Typha orientalis* C. Presl
	3	芦苇	*Phragmites australis* (Cav.) Trin. ex Steud.
	4	双穗雀稗	*Paspalum distichum* L.
	5	菰	*Zizania latifolia* (Griseb.) Turcz. ex Stapf
浮叶植物	6	空心莲子草	*Alternanthera philoxeroides* (Mart.) Griseb.
	7	凤眼莲	*Eichhornia crassipes* (Mart.) Solms
沉水植物	8	苦草	*Vallisneria natans* (Lour.) Hara
	9	黑藻	*Hydrilla verticillata* (L. f.) Royle

2. 空间分布

现状调查的结果表明，汤逊湖的水生植物在空间分布上呈现出显著特征（图 2-62）。大部分湖面的水生植物极少，未见或偶见；在西部湖区沿岸带有挺水植物分布，其中一个子湖正在开展生态修复，分布有苦草和黑藻等水生植物。经统计，修复区约占汤逊湖湖泊面积的 1.13%，莲分布区约占全湖面积的 1.32%，未修复区约占全湖面积的 97.55%。

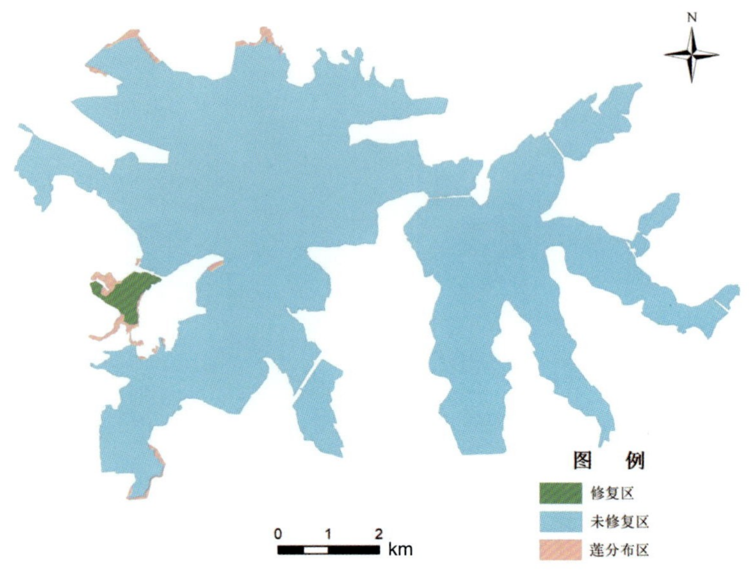

图 2-62　汤逊湖水生植物空间分布

3. 植物盖度

汤逊湖水生植物盖度在不同区域差异较大。其中，修复区的沉水植物盖度较高，在 0.5 以上（图 2-63）；开阔的湖面（未修复区）中水生植物少见，几乎无水生植物覆盖，盖度大多为 0（图 2-64）；在西部湖区的沿岸带分布着一些莲群丛，夹杂着大量的香蒲和芦苇等水生植物，盖度为 0.4 以上（图 2-65）。全湖水生植物盖度的空间分布如图 2-66 所示。

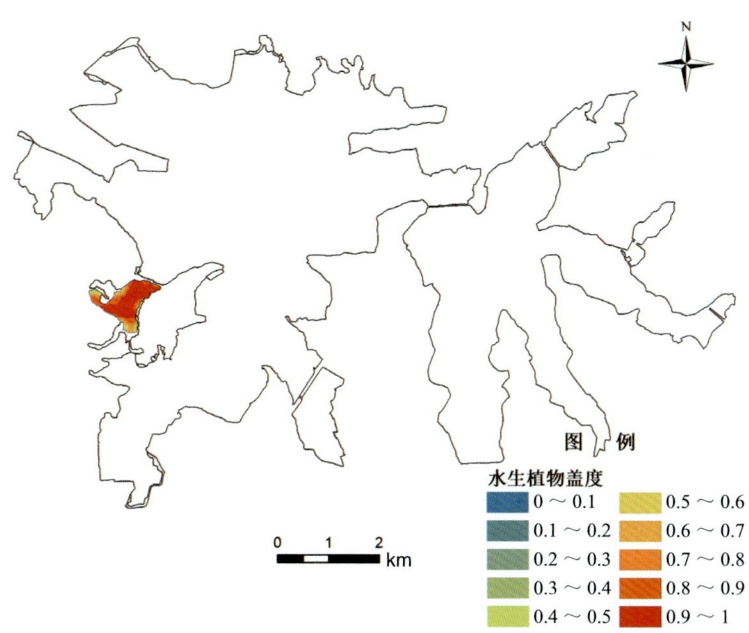

图 2-63　汤逊湖修复区水生植物盖度空间分布

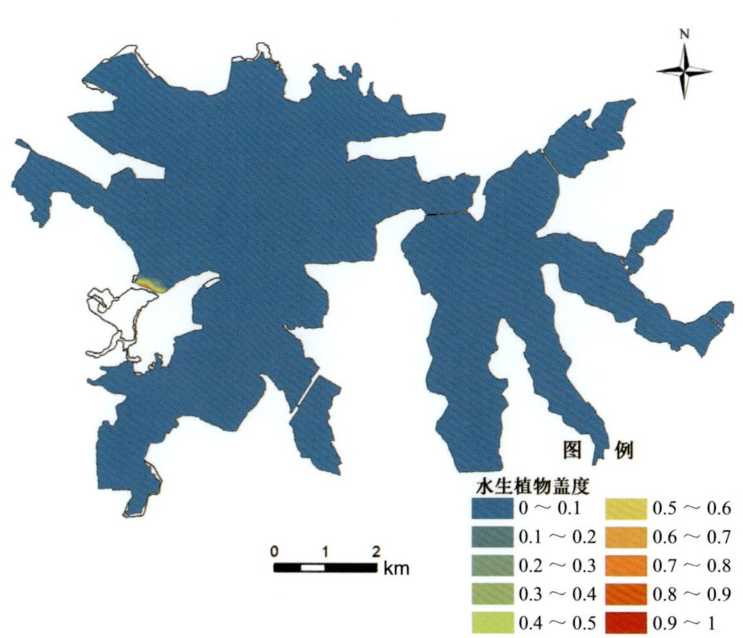

图 2-64　汤逊湖未修复区水生植物盖度空间分布

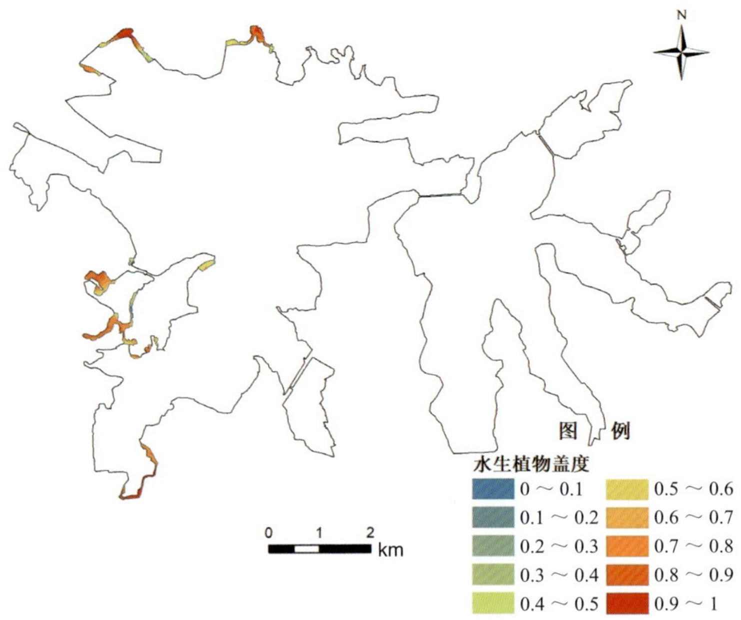

图 2-65 汤逊湖莲分布区水生植物盖度空间分布

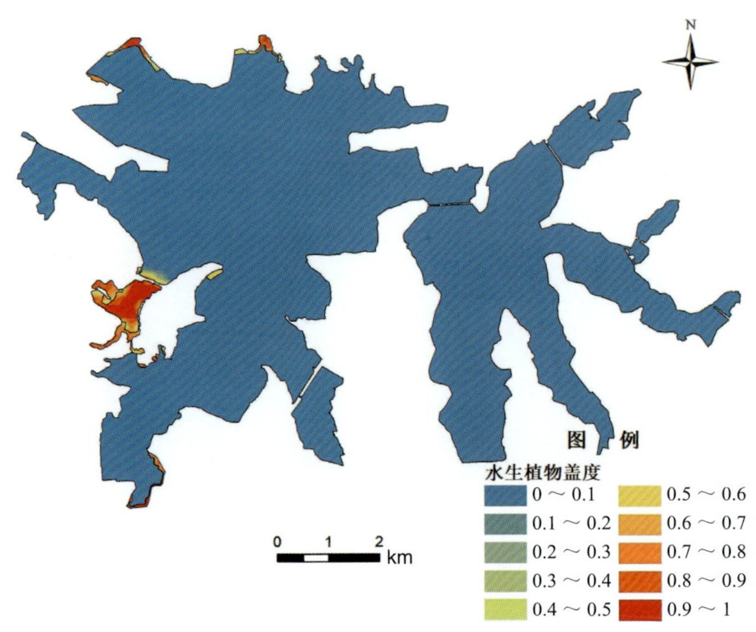

图 2-66 汤逊湖水生植物盖度全湖空间分布

4. 生物量和多样性指数

（1）全湖生物量估算

根据样方调查的结果，莲群丛单位面积水生植物生物量（鲜重）为 1.93 ～ 6.24 kg/m^2，结合其分布面积，全湖莲群丛生物量（鲜重）约为 3 170.66 t。沉水植物修复区单位面积水生植物生物量（鲜重）为 1.98 ～ 2.50 kg/m^2，结合沉水植物群丛的空间分布及面积，全湖沉水植物分布区水生植物生物（鲜重）约为 1 255.57 t。

（2）多样性

根据物种丰富度指数、α 多样性指数和 β 多样性指数的计算公式得出汤逊湖的生物多样性指数，见表 2-26。

表 2-26 汤逊湖水生植物多样性指数

多样性指数		最大值	最小值	平均值
物种丰富度指数（S）		9	0	0.27
α 多样性指数	Shannon-Wiener 指数（H'）	1.36	0	0.04
	Pielou 指数（E）	0.57	0.54	0.55
	Simpson 指数（P）	1	0	0.96
β 多样性指数	Sørensen 指数（SI）	1	0	0.02
	Jaccard 指数（C_J）	1	0	0.03
	Cody 指数（β_C）	6	0	2.12

5. 主要水生植物群丛

汤逊湖主要水生植物群丛及湖泊俯瞰全貌如图 2-67 所示。

图 2-67 汤逊湖主要水生植物群丛及湖泊俯瞰全貌

2.2.13　杨春湖水生植物状况

1. 主要种类

杨春湖全湖进行了水生态修复，水生植物的种类较为丰富。调查中主要发现的水生植物有 18 种，包括莲、香蒲、芦苇、芦竹、美人蕉、泽泻、水葱、鸢尾和菰 9 种挺水植物，空心莲子草、欧菱、睡莲、天胡荽和粉绿狐尾藻 5 种浮叶植物，以及苦草、黑藻、穗状狐尾藻和金鱼藻 4 种沉水植物（表 2-27）。

表 2-27　杨春湖水生植物主要种类

类型	序号	种	拉丁名
挺水植物	1	莲	*Nelumbo nucifera* Gaertn.
	2	香蒲	*Typha orientalis* C. Presl
	3	芦苇	*Phragmites australis* (Cav.) Trin. ex Steud.
	4	芦竹	*Arundo donax* L.
	5	美人蕉	*Canna indica* L.
	6	泽泻	*Alisma plantago-aquatica* L.
	7	水葱	*Schoenoplectus tabernaemontani* (C. C. Gmel.) Palla
	8	鸢尾	*Iris tectorum* Maxim.
	9	菰	*Zizania latifolia* (Griseb.) Turcz. ex Stapf
浮叶植物	10	空心莲子草	*Alternanthera philoxeroides* (Mart.) Griseb.
	11	欧菱	*Trapa natans* L.
	12	睡莲	*Nymphaea tetragona* Georgi
	13	天胡荽	*Hydrocotyle sibthorpioides* Lam.
	14	粉绿狐尾藻	*Myriophyllum aquaticum* (Vell.) Verdc.
沉水植物	15	苦草	*Vallisneria natans* (Lour.) Hara
	16	黑藻	*Hydrilla verticillata* (L. f.) Royle
	17	穗状狐尾藻	*Myriophyllum spicatum* L.
	18	金鱼藻	*Ceratophyllum demersum* L.

2. 空间分布

现状调查的结果表明，杨春湖的水生植物在空间分布上呈现出显著特点（图 2-68）。杨春湖的水生植物在空间分布上可以分为鸢尾群丛、芦苇群丛、睡莲群丛、香蒲群丛、莲群丛及沉水植物分布区 6 个区域。其中，鸢尾群丛主要分布在西部湖区的沿岸和湖心，夹杂着粉绿狐尾藻、天胡荽等；芦苇群丛主要分布在西部湖区的北部；睡莲群丛在东、西湖区均有分布，成片分布在西部湖区的东岸；香蒲群丛主要分布在东部湖区的北部，面积较大，夹杂着一些水葱、空心莲子草等水生植物；莲群丛在两个湖区均有分布，与香蒲、菰和水葱共同分布；沉水植物在开阔水域分布，主要为苦草，可见黑藻、穗状狐尾藻和金鱼藻等沉水植物，也见欧菱等水生植物分布。经统计，沉水植物分布区面积约占杨春湖湖泊面积的61.02%，莲群丛分布区约占全湖面积的4.05%，鸢尾群丛分布区约占全湖面积的25.85%，香蒲群丛分布区约占全湖面积的7.75%，芦苇群丛分布区约占全湖面积的0.52%，睡莲群丛分布区约占全湖面积的0.80%。

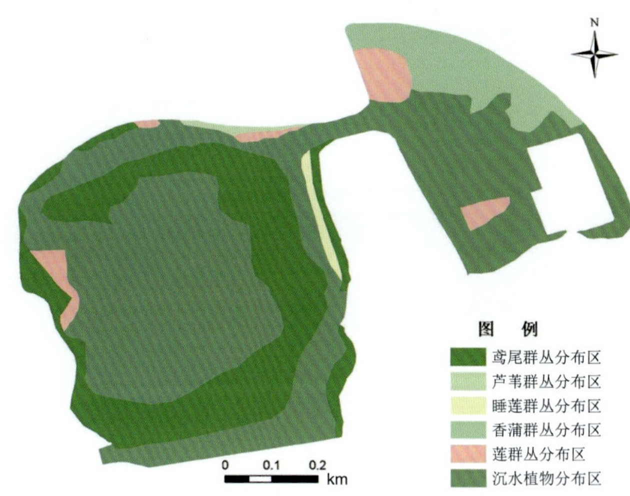

图 2-68 杨春湖水生植物空间分布

3. 植物盖度

杨春湖水生植物盖度在不同区域差异较大。其中，沉水植物分布区的水生植物盖度为0.1～0.9，东部湖区盖度高，大于0.5，西部湖区盖度低，低于0.5（图2-69）。莲群丛分布区的水生植物盖度较高，大部分区域盖度为0.3～1（图2-70）。芦苇群丛分布区的水生植物盖度为0.5以上（图2-71）。睡莲群丛分布区的盖度为0.5～1（图2-72）。香蒲群丛分布区的水生植物盖度高，在0.5以上，大部分区域在0.9以上（图2-73）。鸢尾群丛分布区的水生植物盖度为0.6以上（图2-74）。全湖水生植物盖度空间分布如图2-75所示。

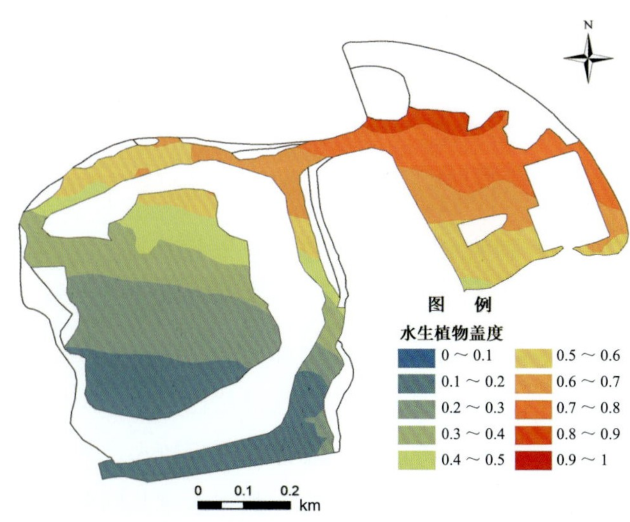

图 2-69 杨春湖沉水植物分布区水生植物盖度空间分布

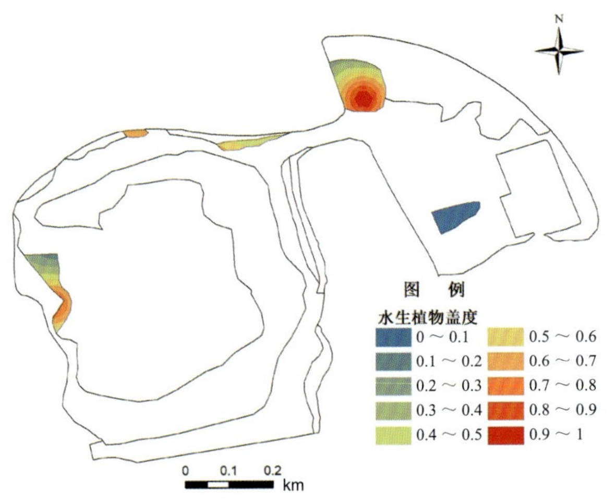

图 2-70　杨春湖莲群丛分布区水生植物盖度空间分布

图 2-71　杨春湖芦苇群丛分布区水生植物盖度空间分布

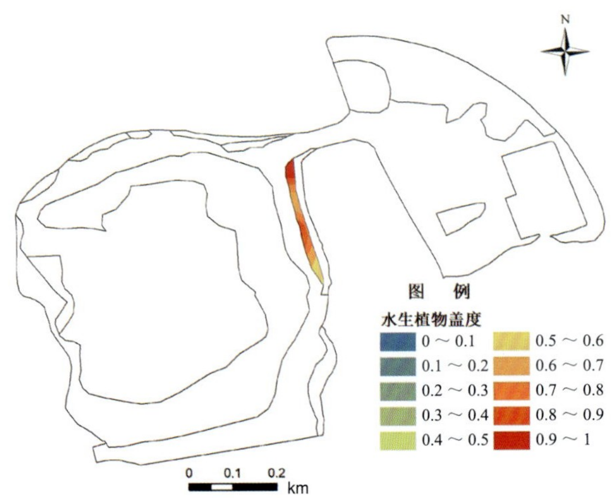

图 2-72　杨春湖睡莲群丛分布区水生植物盖度空间分布

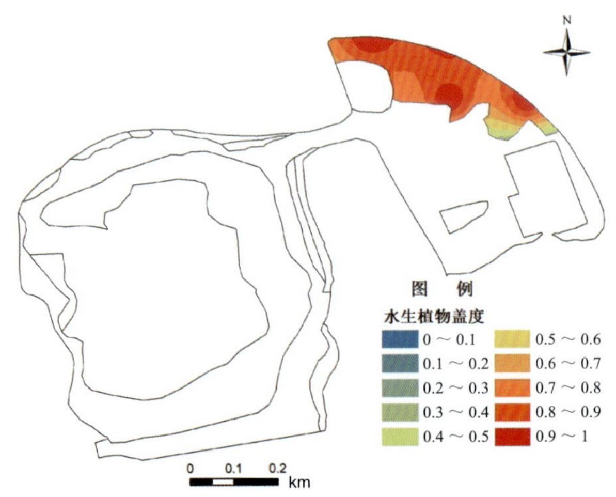

图 2-73　杨春湖香蒲群丛分布区水生植物盖度空间分布

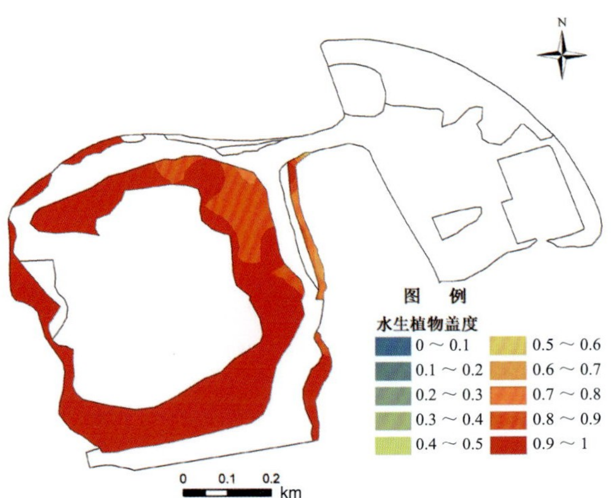

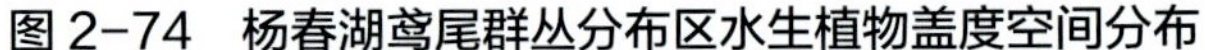

图 2-74　杨春湖鸢尾群丛分布区水生植物盖度空间分布

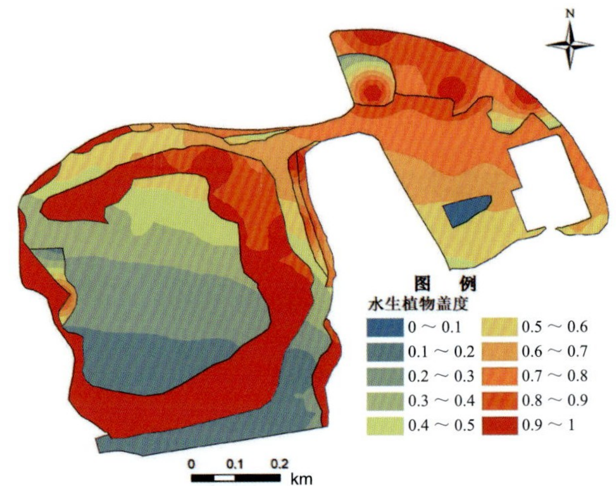

图 2-75　杨春湖水生植物盖度全湖空间分布

4. 生物量和多样性指数

（1）全湖生物量估算

根据样方调查的结果，莲群丛单位面积水生植物生物量（鲜重）为 3.50 ～ 5.53 kg/m^2，结合其分布面积，全湖莲群丛生物量（鲜重）约为 74.65 t。鸢尾群丛分布区单位面积水生植物生物量（鲜重）为 4.30 ～ 5.50 kg/m^2，结合鸢尾群丛的空间分布及面积，全湖鸢尾群丛分布区水生植物生物量（鲜重）约为 701.82 t。香蒲群丛分布区单位面积水生植物生物量（鲜重）为 5.63 ～ 7.00 kg/m^2，结合香蒲群丛的空间分布及面积，全湖香蒲群丛分布区水生植物生物量（鲜重）约为 257.41 t。芦苇群丛分布区单位面积水生植物生物量（鲜重）为 1.20 ～ 12.00 kg/m^2，结合芦苇群丛的空间分布及面积，全湖芦苇群丛分布区水生植物生物量（鲜重）约为 26.90 t。睡莲群丛分布区单位面积水生植物生物量（鲜重）为 0.30 ～ 3.00 kg/m^2，结合睡莲群丛的空间分布及面积，全湖睡莲群丛分布区水生植物生物量（鲜重）约为 12.86 t。沉水植物分布区单位面积水生植物生物量（鲜重）为 0.10 ～ 2.50 kg/m^2，结合沉水植物群丛的空间分布及面积，全湖沉水植物分布区水生植物生物量（鲜重）约为 336.38 t。

（2）多样性

根据物种丰富度指数、α 多样性指数和 β 多样性指数的计算公式得出杨春湖的生物多样性指数，见表 2-28。

表 2-28　杨春湖水生植物多样性指数

多样性指数		最大值	最小值	平均值
物种丰富度指数（S）		16	1	4.50
α 多样性指数	Shannon-Wiener 指数（H'）	1.85	0	0.72
	Pielou 指数（E）	0.80	0.14	0.57
	Simpson 指数（P）	0.80	0	0.37
β 多样性指数	Sørensen 指数（SI）	1	0	0.31
	Jaccard 指数（C_J）	1	0	0.23
	Cody 指数（β_C）	8	0	2.94

5. 主要水生植物群丛

杨春湖主要水生植物群丛及湖泊俯瞰全貌如图 2-76 所示。

图 2-76　杨春湖主要水生植物群丛及湖泊俯瞰全貌

2.2.14　野芷湖水生植物状况

1. 主要种类

有关野芷湖水生植物的记录较少，本次调查中主要发现的水生植物有 19 种，包括莲、香蒲、芦苇、芦竹、美人蕉、再力花、双穗雀稗、菰和水蓼 9 种主要挺水植物，荇菜、空心莲子草、欧菱、水鳖、浮萍和天胡荽 6 种浮叶植物，以及苦草、黑藻、穗状狐尾藻和金鱼藻 4 种沉水植物（表 2-29）。

表 2-29　野芷湖水生植物主要种类

类型	序号	种	拉丁名
挺水植物	1	莲	*Nelumbo nucifera* Gaertn.
	2	香蒲	*Typha orientalis* C. Presl
	3	芦苇	*Phragmites australis* (Cav.) Trin. ex Steud.
	4	芦竹	*Arundo donax* L.
	5	美人蕉	*Canna indica* L.
	6	再力花	*Thalia dealbata* Fraser
	7	双穗雀稗	*Paspalum distichum* L.
	8	菰	*Zizania latifolia* (Griseb.) Turcz. ex Stapf
	9	水蓼	*Persicaria hydropiper* (L.) Spach
浮叶植物	10	荇菜	*Nymphoides peltata* (S. G. Gmel.) Kuntze
	11	空心莲子草	*Alternanthera philoxeroides* (Mart.) Griseb.
	12	欧菱	*Trapa natans* L.
	13	水鳖	*Hydrocharis dubia* (Bl.) Backer
	14	浮萍	*Lemna minor*
	15	天胡荽	*Hydrocotyle sibthorpioides* Lam.
沉水植物	16	苦草	*Vallisneria natans* (Lour.) Hara
	17	黑藻	*Hydrilla verticillata* (L. f.) Royle
	18	穗状狐尾藻	*Myriophyllum spicatum* L.
	19	金鱼藻	*Ceratophyllum demersum* L.

2. 空间分布

现状调查的结果表明，野芷湖的水生植物在空间分布上呈现出不均匀的特征（图 2-77）。野芷湖正在开展水生态修复，开阔湖面主要种植有苦草等沉水植物；在沿岸线设有人工浮岛，主要有空心莲子草、天胡荽等水生植物，可见欧菱等浮叶植物；在岸带还可见成片莲分布。经统计，修复区面积约占野芷湖湖泊面积的 91.38%，莲分布区约占全湖面积的 2.92%，浮岛修复区约占全湖面积的 5.70%。

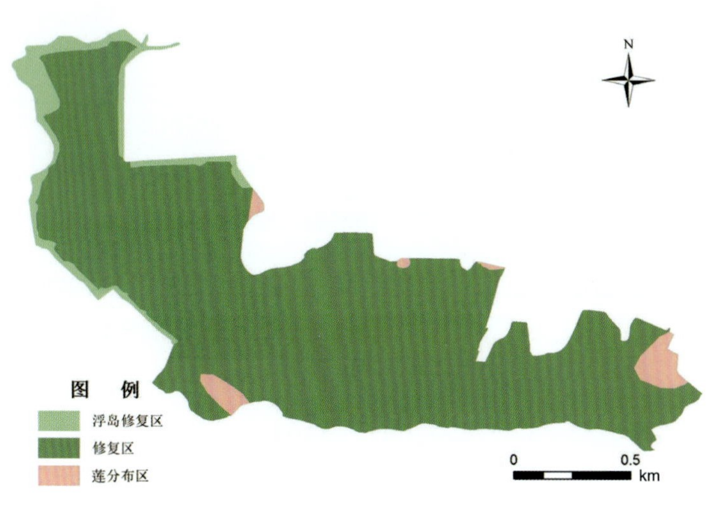

图 2-77　野芷湖水生植物空间分布

3. 植物盖度

野芷湖水生植物盖度在不同区域差异较大。其中，沉水植物修复区的水生植物尚未大面积恢复，其盖度较低，为 0 ～ 0.2（图 2-78）。莲分布区的水生植物盖度在 0.5 以上，沿岸线向湖心方向盖度减少（图 2-79）。浮岛修复区水生植物盖度高，为 0.5 ～ 1，大部分区域盖度＞ 0.7（图 2-80）。全湖水生植物盖度的空间分布如图 2-81 所示。

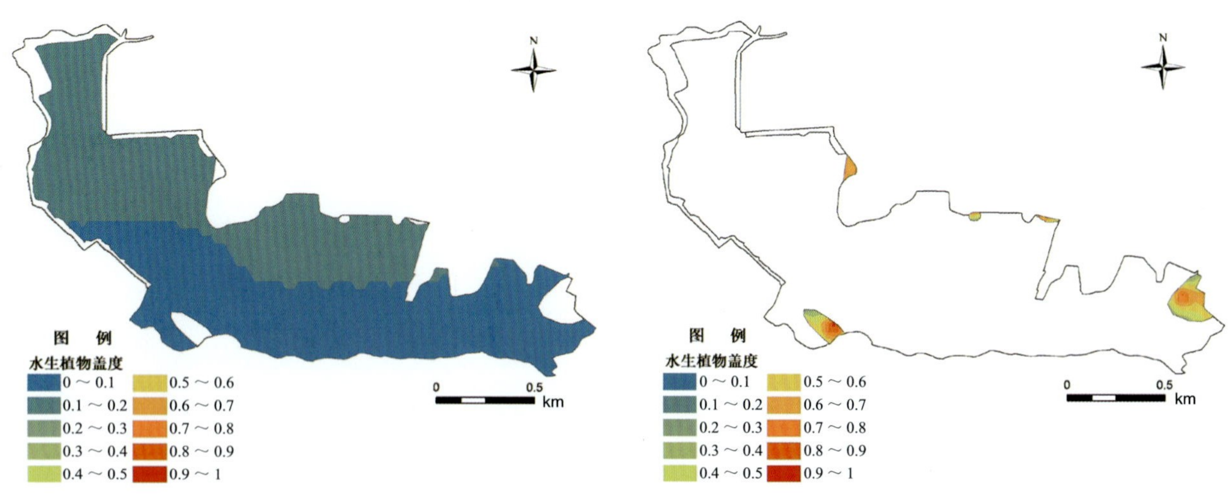

图 2-78　野芷湖修复区水生植物盖度空间分布

图 2-79　野芷湖莲分布区水生植物盖度空间分布

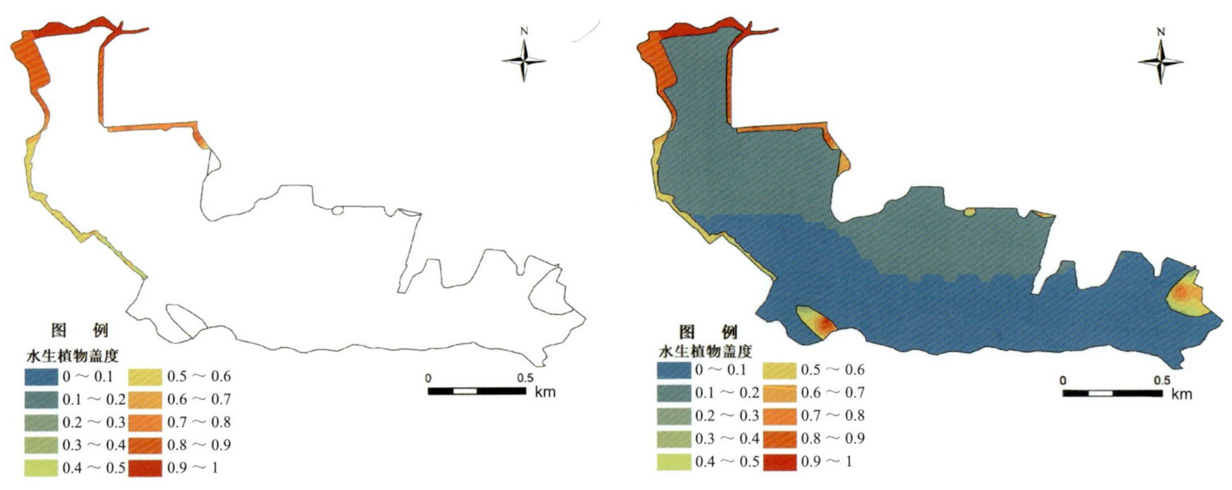

图 2-80　野芷湖浮岛修复区水生植物盖度空间分布　　图 2-81　野芷湖水生植物盖度全湖空间分布

4. 生物量和多样性指数

（1）全湖生物量估算

根据样方调查的结果，莲群丛单位面积水生植物生物量（鲜重）为 1.83 ～ 5.41 kg/m^2，结合其分布面积，全湖莲群丛生物量（鲜重）约为 216.85 t。浮岛修复区单位面积水生植物生物量（鲜重）为 0.10 ～ 1.42 kg/m^2，结合该区植物群丛的空间分布及面积，全湖浮岛修复区水生植物生物量（鲜重）约为 130.58 t。沉水植物修复区单位面积水生植物生物量（鲜重）为 0.15 ～ 0.23 kg/m^2，结合沉水植物群丛的空间分布及面积，全湖沉水植物修复区水生植物生物量（鲜重）约为 281.78 t。

（2）多样性

根据物种丰富度指数、α 多样性指数和 β 多样性指数的计算公式得出野芷湖的生物多样性指数，见表 2-30。

表 2-30　野芷湖水生植物多样性指数

多样性指数		最大值	最小值	平均值
物种丰富度指数（S）		19	0	8.01
α 多样性指数	Shannon-Wiener 指数（H'）	2.24	0	1.12
	Pielou 指数（E）	0.88	0.24	0.65
	Simpson 指数（P）	1	0.08	0.62
β 多样性指数	Sørensen 指数（SI）	1	0	0.50
	Jaccard 指数（C_J）	1	0	0.44
	Cody 指数（β_C）	9.50	0	3.80

5. **主要水生植物群丛**

野芷湖主要水生植物群丛及湖泊俯瞰全貌如图 2-82 所示。

图 2-82 野芷湖主要水生植物群丛及湖泊俯瞰全貌

2.2.15 鲩子湖水生植物状况

1. **主要种类**

现状调查期间，鲩子湖全湖正在开展水生态修复工程，主要的水生植物有13种，包括莲、香蒲、芦苇、再力花、泽泻和梭鱼草6种主要挺水植物，荇菜、空心莲子草和睡莲3种主要浮叶植物，以及苦草、黑藻、穗状狐尾藻和金鱼藻4种主要沉水植物（表 2-31）。

表 2-31 鲩子湖水生植物主要种类

类型	序号	种	拉丁名
挺水植物	1	莲	*Nelumbo nucifera* Gaertn.
	2	香蒲	*Typha orientalis* C. Presl
	3	芦苇	*Phragmites australis* (Cav.) Trin. ex Steud.
	4	再力花	*Thalia dealbata* Fraser
	5	泽泻	*Alisma plantago-aquatica* L.
	6	梭鱼草	*Pontederia cordata* L.
浮叶植物	7	荇菜	*Nymphoides peltata* (S. G. Gmel.) Kuntze
	8	空心莲子草	*Alternanthera philoxeroides* (Mart.) Griseb.

类型	序号	种	拉丁名
浮叶植物	9	睡莲	*Nymphaea tetragona* Georgi
沉水植物	10	苦草	*Vallisneria natans* (Lour.) Hara
	11	黑藻	*Hydrilla verticillata* (L. f.) Royle
	12	穗状狐尾藻	*Myriophyllum spicatum* L.
	13	金鱼藻	*Ceratophyllum demersum* L.

2. 空间分布

现状调查的结果表明，鲩子湖的水生植物在空间分布上呈现出显著特点（图 2-83）。在开阔湖面主要为沉水植物分布区，主要水生植物为黑藻和苦草，零星分布有睡莲、荇菜、穗状狐尾藻和金鱼藻。在岸线区域，偶见香蒲、芦苇、再力花、泽泻、梭鱼草等挺水植物和空心莲子草等浮叶植物。莲集中分布在 2 个区域，分别为湖心和西部湖岸区域。经统计，修复区面积约占鲩子湖湖泊面积的 97.58%，莲分布区约占全湖面积的 2.42%。

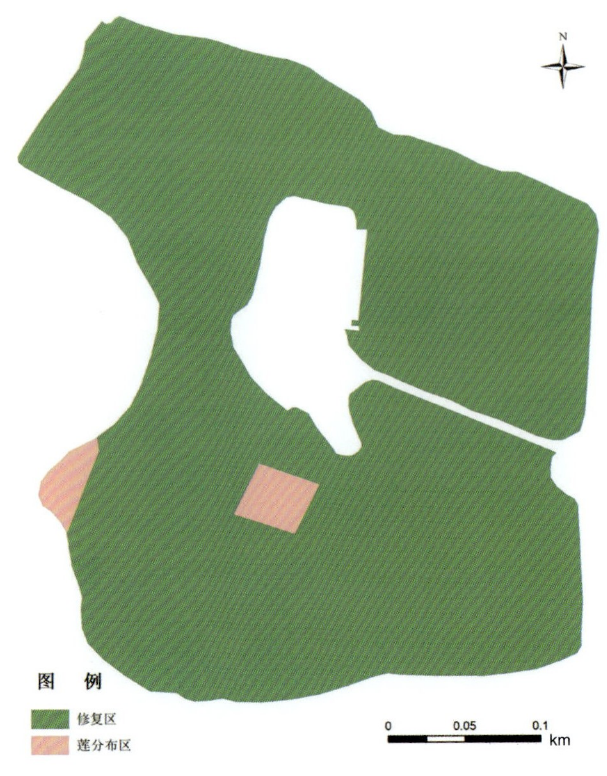

图 2-83 鲩子湖水生植物空间分布

3. 植物盖度

鲩子湖沉水植物修复区的水生植物盖度在不同区域差异较小，为 0.2 ～ 0.3（图 2-84）。莲分布区的水生植物盖度高，在 0.7 以上（图 2-85）。全湖水生植物盖度的空间分布如图 2-86 所示。

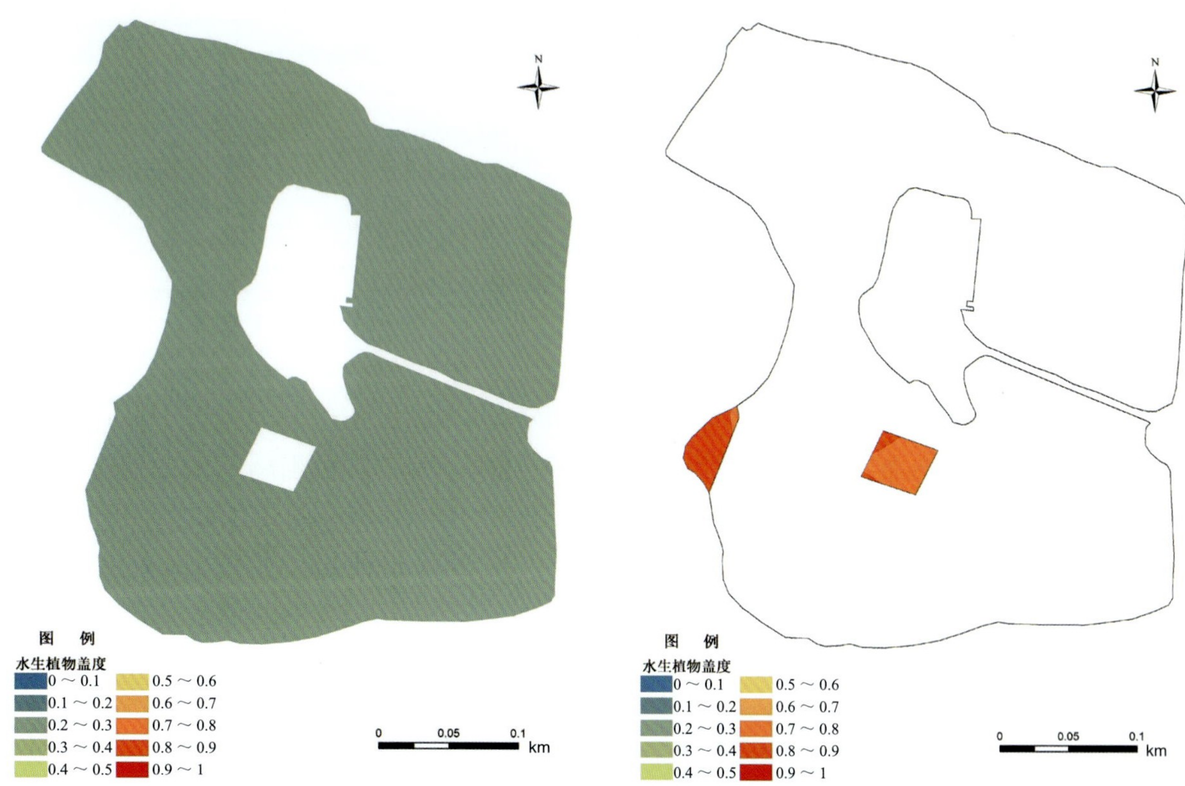

图 2-84 鲩子湖修复区水生植物盖度空间分布

图 2-85 鲩子湖莲分布区水生植物盖度空间分布

图 2-86 鲩子湖莲水生植物盖度全湖空间分布

4. 生物量和多样性指数

（1）全湖生物量估算

根据样方调查的结果，莲群丛单位面积水生植物生物量（鲜重）为 3.85 ～ 4.76 kg/m²，结合其分布面积，全湖莲群丛生物量（鲜重）约为 10.04 t。沉水植物修复区单位面积水生植物生物量（鲜重）约为 0.52 kg/m²，结合沉水植物群丛的空间分布及面积，全湖沉水植物分布区水生植物生物量（鲜重）约为 49.23 t。

（2）多样性

根据物种丰富度指数、α 多样性指数和 β 多样性指数的计算公式得出鲩子湖的生物多样性指数，见表 2-32。

表 2-32　鲩子湖水生植物多样性指数

多样性指数		最大值	最小值	平均值
物种丰富度指数（S）		12	7	10.36
α 多样性指数	Shannon-Wiener 指数（H'）	1.49	0.90	1.26
	Pielou 指数（E）	0.64	0.46	0.54
	Simpson 指数（P）	0.66	0.43	0.55
β	Sørensen 指数（SI）	1	0.47	0.80
	Jaccard 指数（C_J）	1	0.31	0.69
	Cody 指数（β_C）	4.50	0	1.94

5. 主要水生植物群丛

鲩子湖主要水生植物群丛及湖泊俯瞰全貌如图 2-87 所示。

图 2-87　鲩子湖主要水生植物群丛及湖泊俯瞰全貌

2.2.16 后襄河水生植物状况

1. 主要种类

调查期间后襄河全湖正在开展水生态修复工程，水生植物量大但种类相对少，共鉴定主要水生植物有 8 种，包括莲、香蒲、芦苇、鸢尾和水葱 5 种主要挺水植物，空心莲子草 1 种主要浮叶植物，以及苦草和穗状狐尾藻 2 种主要沉水植物（表 2-33）。

表 2-33 后襄河水生植物主要种类

类型	序号	种	拉丁名
挺水植物	1	莲	*Nelumbo nucifera* Gaertn.
	2	香蒲	*Typha orientalis* C. Presl
	3	芦苇	*Phragmites australis* (Cav.) Trin. ex Steud.
	4	鸢尾	*Iris tectorum* Maxim.
	5	水葱	*Schoenoplectus tabernaemontani* (C. C. Gmel.) Palla
浮叶植物	6	空心莲子草	*Alternanthera philoxeroides* (Mart.) Griseb.
沉水植物	7	苦草	*Vallisneria natans* (Lour.) Hara
	8	穗状狐尾藻	*Myriophyllum spicatum* L.

2. 空间分布

现状调查的结果表明，后襄河的水生植物在空间分布上呈现出显著特点（图 2-88）。沉水植物布满湖中，主要为穗状狐尾藻和苦草，北岸有 2 个莲群丛，分布有莲、香蒲、芦苇、水葱等挺水植物。在沿岸线还可见鸢尾等挺水植物。经统计，修复区面积约占后襄河湖泊面积的 92.25%，莲分布区约占全湖面积的 7.75%。

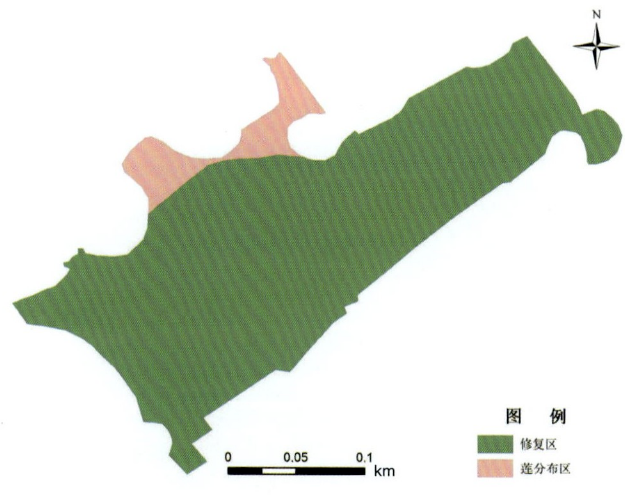

图 2-88 后襄河水生植物空间分布

3. 植物盖度

后襄河水生植物盖度较高，沉水植物修复区的水生植物盖度为 0.9 以上（图 2-89），全湖分布均匀；在挺水植物分布的莲群丛中水生植物盖度为 0.6 以上（图 2-90）。全湖水生植物盖度大于 0.6，大部分区域在 0.9 以上（图 2-91）。

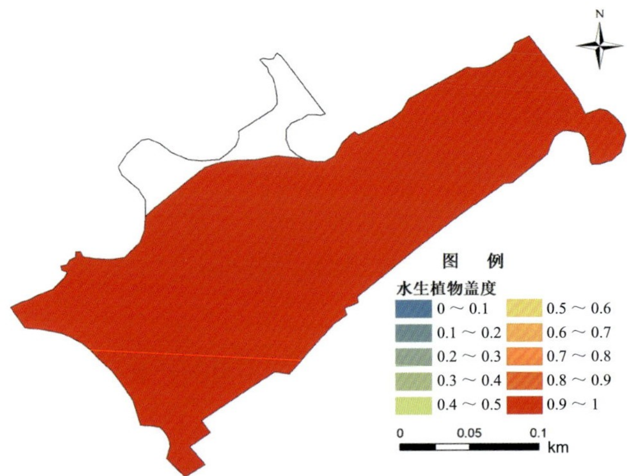

图 2-89 后襄河修复区水生植物盖度空间分布

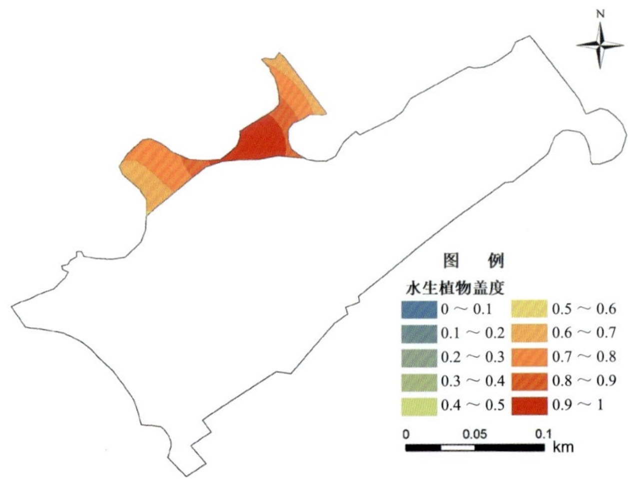

图 2-90 后襄河莲分布区水生植物盖度空间分布

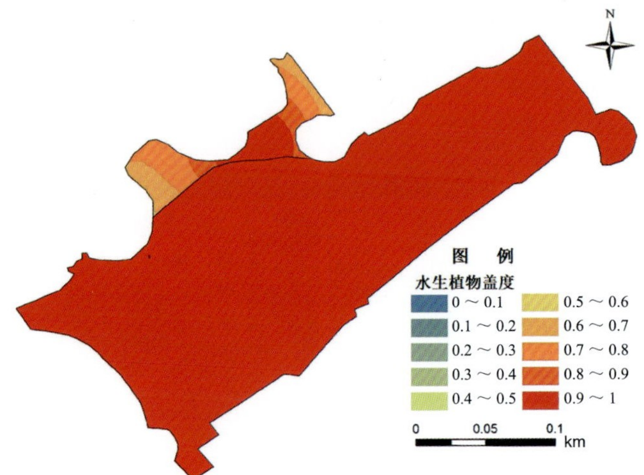

图 2-91 后襄河水生植物盖度全河空间分布

4. 生物量和多样性指数

（1）全湖生物量估算

根据样方调查的结果，莲群丛单位面积水生植物生物量（鲜重）为 5.45 ～ 5.50 kg/m^2，结合其分布面积，全湖莲群丛生物量（鲜重）约为 18.46 t。沉水植物修复区单位面积水生植物生物量（鲜重）约为 2.59 kg/m^2，结合沉水植物群丛的空间分布及面积，全湖沉水植物分布区水生植物生物量（鲜重）约为 104.55 t。

（2）多样性

根据物种丰富度指数、α 多样性指数和 β 多样性指数的计算公式得出后襄河的生物多样性指数，见表 2-34。

表 2-34　后襄河水生植物多样性指数

多样性指数		最大值	最小值	平均值
物种丰富度指数（S）		8	2	4
α 多样性指数	Shannon-Wiener 指数（H'）	1.09	0.17	0.54
	Pielou 指数（E）	0.53	0.24	0.44
	Simpson 指数（P）	0.59	0.08	0.30
β 多样性指数	Sørensen 指数（SI）	1	0.40	0.78
	Jaccard 指数（C_J）	1	0.25	0.72
	Cody 指数（β_C）	3	0	1.13

5. 主要水生植物群丛

后襄河主要水生植物群丛及湖泊俯瞰全貌如图 2-92 所示。

图 2-92　后襄河主要水生植物群丛及湖泊俯瞰全貌

2.2.17　机器荡子水生植物状况

1. 主要种类

机器荡子水生植物种类稀少，调查期间仅鉴定出 4 种水生植物：睡莲、苦草、黑藻和穗状狐尾藻（表 2-35）。机器荡子全湖硬质垂直驳岸，未见挺水植物。

表 2-35　机器荡子水生植物主要种类

类型	序号	种	拉丁名
浮叶植物	1	睡莲	*Nymphaea tetragona* Georgi
沉水植物	2	苦草	*Vallisneria natans* (Lour.) Hara
	3	黑藻	*Hydrilla verticillata* (L. f.) Royle
	4	穗状狐尾藻	*Myriophyllum spicatum* L.

2. 空间分布

现状调查的结果表明，机器荡子的水生植物在空间上均匀分布（图 2-93）。全湖靠岸线较浅的区域水生植物分布多，靠湖心水深区域水生植物少见，睡莲零星分布在西南沿岸。经统计，修复区面积约占机器荡子湖泊面积的 100%。

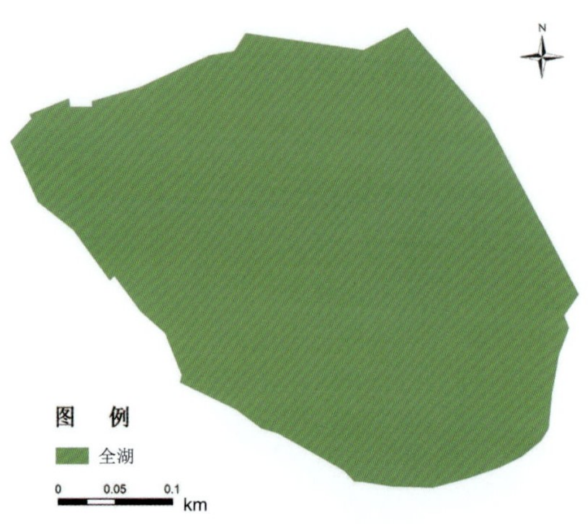

图 2-93　机器荡子水生植物空间分布

3. 植物盖度

机器荡子水生植物盖度较低，低于 0.2，主要在沿岸区域，空间分布如图 2-94 所示。

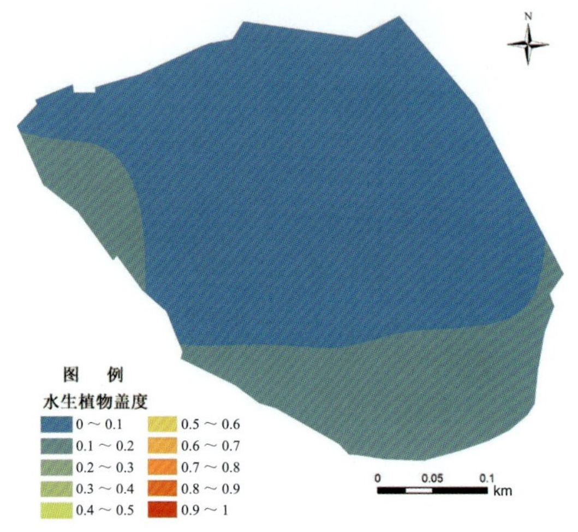

图 2-94　机器荡子水生植物盖度空间分布

4. 生物量和多样性指数

（1）全湖生物量估算

根据样方调查的结果，沉水植物修复区单位面积水生植物生物量（鲜重）为 0.12～0.31 kg/m^2，结合沉水植物群丛的空间分布及面积，全湖沉水植物修复区水生植物生物量（鲜重）约为 18.91 t。

（2）多样性

根据物种丰富度指数、α 多样性指数和 β 多样性指数的计算公式得出机器荡子的生物多样性指数，见表 2-36。

表 2-36 机器荡子水生植物多样性指数

多样性指数		最大值	最小值	平均值
物种丰富度指数（S）		3	0	2.70
α 多样性指数	Shannon-Wiener 指数（H'）	1	0	0.76
	Pielou 指数（E）	0.91	0	0.69
	Simpson 指数（P）	1	0.33	0.55
β 多样性指数	Sørensen 指数（SI）	1	0	0.80
	Jaccard 指数（C_J）	1	0	0.80
	Cody 指数（β_C）	1.50	0	0.30

5. 主要水生植物群丛

机器荡子主要水生植物群丛及湖泊俯瞰全貌如图 2-95 所示。

图 2-95 机器荡子主要水生植物群丛及湖泊俯瞰全貌

2.2.18 江汉西北湖水生植物状况

1. 主要种类

江汉西北湖开展了全湖水生态修复，水生植物的主要种类有 12 种，包括莲、香蒲、芦苇、芦竹、美人蕉、鸢尾、泽泻和梭鱼草 8 种主要挺水植物，睡莲 1 种主要浮叶植物，以及苦草、黑藻和穗状狐尾藻 3 种沉水植物（表 2-37）。

表 2-37　江汉西北湖水生植物主要种类

类型	序号	种	拉丁名
挺水植物	1	莲	*Nelumbo nucifera* Gaertn.
	2	香蒲	*Typha orientalis* C. Presl
	3	芦苇	*Phragmites australis* (Cav.) Trin. ex Steud.
	4	芦竹	*Arundo donax* L.
	5	美人蕉	*Canna indica* L.
	6	鸢尾	*Iris tectorum* Maxim.
	7	泽泻	*Alisma plantago-aquatica* L.
	8	梭鱼草	*Pontederia cordata* L.
浮叶植物	9	睡莲	*Nymphaea tetragona* Georgi
沉水植物	10	苦草	*Vallisneria natans* (Lour.) Hara
	11	黑藻	*Hydrilla verticillata* (L. f.) Royle
	12	穗状狐尾藻	*Myriophyllum spicatum* L.

2. 空间分布

现状调查的结果表明，江汉西北湖的水生植物在空间分布上呈现出不均匀的特点（图 2-96）。在西湖区域，全湖种植了沉水植物，主要为苦草，零星分布有黑藻和穗状狐尾藻。该湖区为垂直硬质驳岸，未见挺水植物和浮叶植物。在北湖区域，开阔水域未见水生植物，在岸带较开阔区域水生植物丰富，主要为挺水植物。经统计，修复区面积约占江汉西北湖湖泊面积的 35.13%，岸带修复区约占全湖面积的 2.28%，未修复区约占全湖面积的 62.59%。

图 2-96　江汉西北湖水生植物空间分布

3. 植物盖度

江汉西北湖水生植物盖度在不同区域差异较大。其中，修复区的水生植物盖度高，在 0.6 以上，大部分区域盖度超过 0.9（图 2-97）。在北湖区域未修复区，其水生植物盖度低于 0.1（图 2-98）。北湖区域岸带修复区的水生植物盖度较高，大于 0.5，主要为香蒲群丛、莲群丛和泽泻群丛（图 2-99）。全湖水生植物盖度的空间分布如图 2-100。

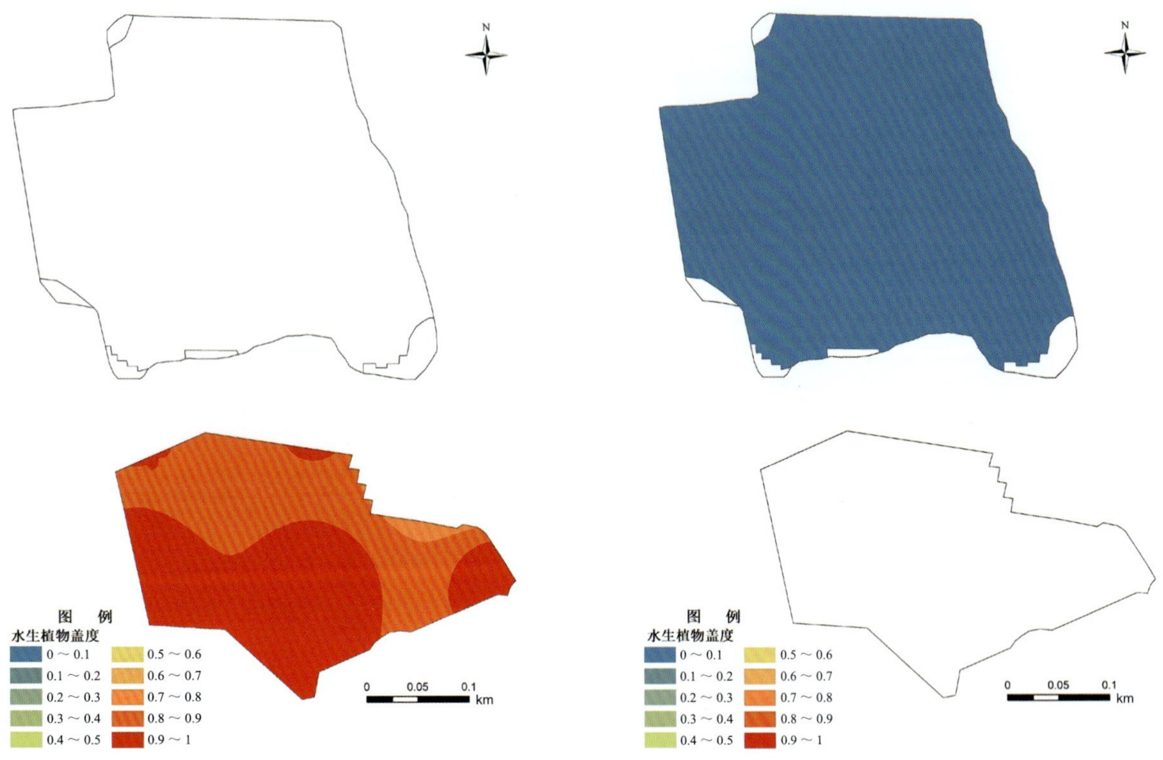

图 2-97 江汉西北湖修复区水生植物盖度空间分布

图 2-98 江汉西北湖未修复区水生植物盖度空间分布

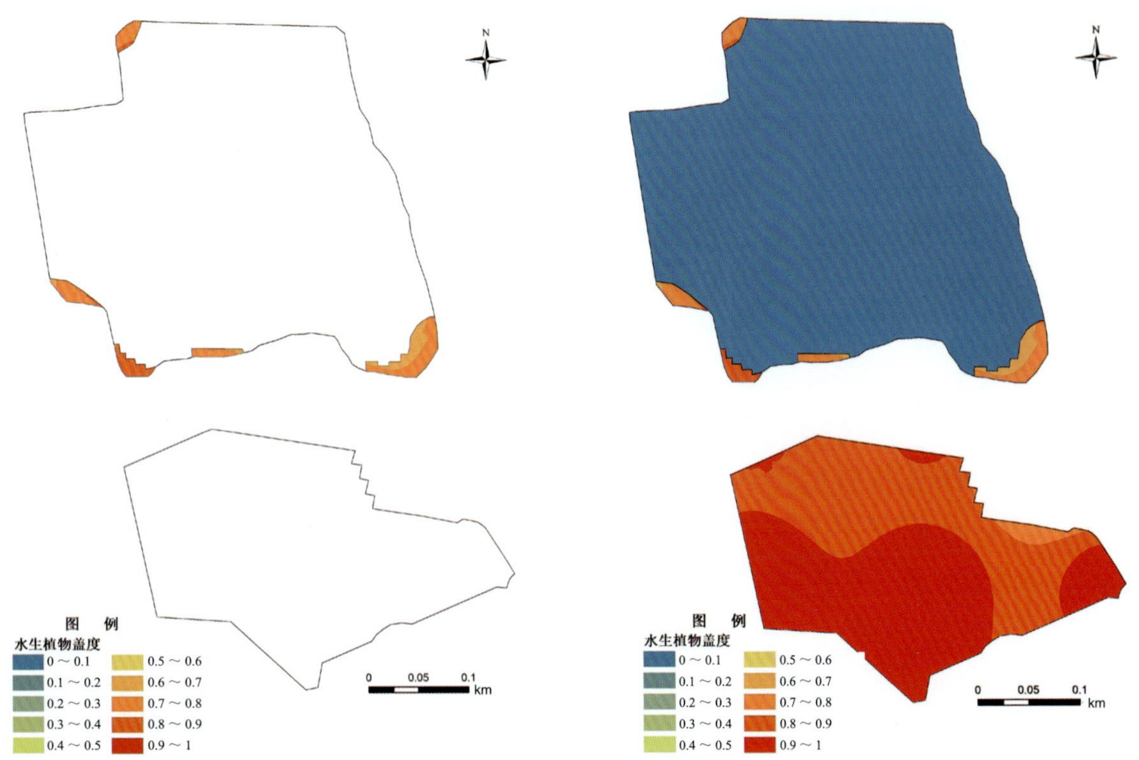

图 2-99 江汉西北湖岸带修复区水生植物盖度空间分布

图 2-100 江汉西北湖水生植物盖度全湖空间分布

4. 生物量和多样性指数

（1）全湖生物量估算

根据样方调查的结果，岸带修复区单位面积水生植物群丛生物量（鲜重）为 4.30 ～ 6.76 kg/m^2，结合其分布面积，全湖岸带水生植物群丛生物量（鲜重）约为 13.64 t。沉水植物修复区单位面积水生植物生物量（鲜重）为 2.05 ～ 3.90 kg/m^2，结合沉水植物群丛的空间分布及面积，全湖沉水植物修复区水生植物生物量（鲜重）约为 132.99 t。

（2）多样性

根据物种丰富度指数、α 多样性指数和 β 多样性指数的计算公式得出江汉西北湖的生物多样性指数，见表 2-38。

表 2-38　江汉西北湖水生植物多样性指数

多样性指数		最大值	最小值	平均值
物种丰富度指数（S）		10	0	3
α 多样性指数	Shannon-Wiener 指数（H'）	1.66	0	0.48
	Pielou 指数（E）	1	0	0.31
	Simpson 指数（P）	1	0	0.68
β 多样性指数	Sørensen 指数（SI）	1	0	0.18
	Jaccard 指数（C_J）	1	0	0.14
	Cody 指数（β_C）	6	0	2.21

5. 主要水生植物群丛

江汉西北湖主要水生植物群丛及湖泊俯瞰全貌如图 2-101 所示。

图 2-101　江汉西北湖主要水生植物群丛及湖泊俯瞰全貌

2.2.19 菱角湖水生植物状况

1. 主要种类

调查期间，菱角湖正在开展生态修复工程，水生植物种类较少，仅有 7 种主要水生植物，包括莲、香蒲、芦苇和再力花 4 种主要挺水植物，浮萍 1 种主要浮叶植物，以及苦草和黑藻 2 种沉水植物（表 2-39）。

表 2-39 菱角湖水生植物主要种类

类型	序号	种	拉丁名
挺水植物	1	莲	*Nelumbo nucifera* Gaertn.
	2	香蒲	*Typha orientalis* C. Presl
	3	芦苇	*Phragmites australis* (Cav.) Trin. ex Steud.
	4	再力花	*Thalia dealbata* Fraser
浮叶植物	5	浮萍	*Lemna minor*
沉水植物	6	苦草	*Vallisneria natans* (Lour.) Hara
	7	黑藻	*Hydrilla verticillata* (L. f.) Royle

2. 空间分布

现状调查的结果表明，菱角湖的水生植物在空间分布上呈现出显著特点（图 2-102）。修复区全湖为沉水植物，主要为苦草和黑藻，其中苦草在南部湖区分布较多，在北部湖区主要为黑藻。莲群丛在南岸、西岸和北岸分布，主要为莲和香蒲、芦苇等挺水植物。在东部湖湾，有一块鸢尾群丛分布区，共生香蒲、芦苇、再力花等水生植物。经统计，修复区面积约占菱角湖湖泊面积的 91.43%，莲群丛分布区约占全湖面积的 8.00%，鸢尾群丛分布区约占全湖面积为 0.58%。

图 2-102 菱角湖水生植物空间分布

3. 植物盖度

菱角湖的水生植物盖度在不同区域差异较小。其中，沉水植物修复区的水生植物盖度为 0.7 以上，大部分区域为 0.8 ～ 0.9（图 2-103）。莲群丛分布区的水生植物盖度较高，在 0.5 以上，大部分为 0.8 ～ 0.9（图 2-104）。鸢尾群丛分布区的水生植物盖度为 0.6 以上（图 2-105）。全湖水生植物盖度的空间分布如图 2-106 所示。

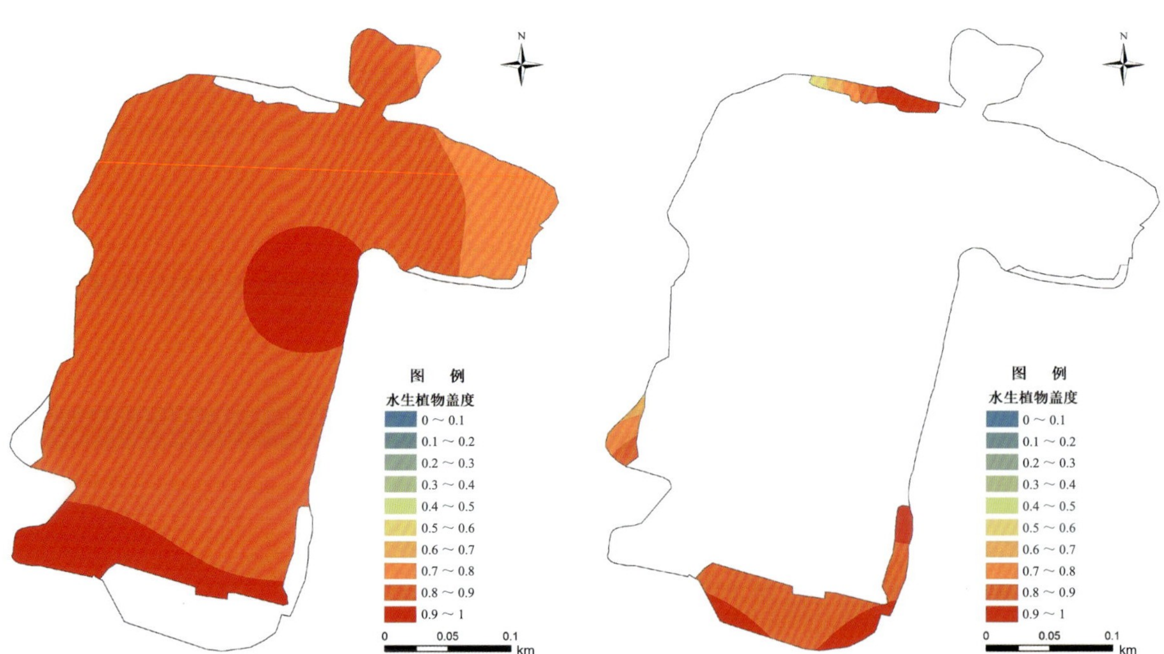

图 2-103　菱角湖修复区水生植物盖度空间分布

图 2-104　菱角湖莲群丛分布区水生植物盖度空间分布

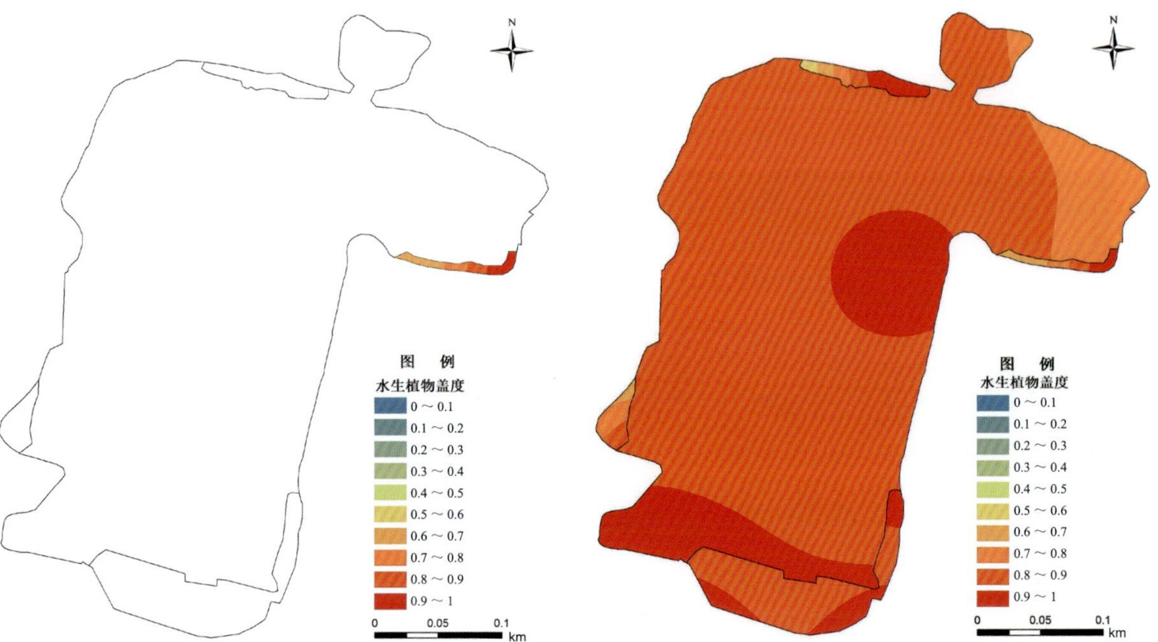

图 2-105　菱角湖鸢尾群丛分布区水生植物盖度空间分布

图 2-106　菱角湖水生植物盖度全湖空间分布

4. 生物量和多样性指数

（1）全湖生物量估算

根据样方调查的结果，莲群丛分布区单位面积水生植物生物量（鲜重）为 4.67 ～ 5.12 kg/m^2，结合其分布面积，全湖莲群丛生物量（鲜重）约为 37.46 t。鸢尾群丛分布区单位面积水生植物生物量（鲜重）为 5.10 ～ 5.40 kg/m^2，结合鸢尾群丛的空间分布及面积，全湖鸢尾群丛分布区水生植物生物量（鲜重）约为 2.93 t。沉水植物修复区单位面积水生植物生物量（鲜重）为 1.95 ～ 2.50 kg/m^2，结合沉水植物群丛的空间分布及面积，全湖沉水植物分布区水生植物生物量（鲜重）约为 190.18 t。

（2）多样性

根据物种丰富度指数、α 多样性指数和 β 多样性指数的计算公式得出菱角湖的生物多样性指数，见表 2-40。

表 2-40　菱角湖水生植物多样性指数

多样性指数		最大值	最小值	平均值
物种丰富度指数（S）		7	0	4
α 多样性指数	Shannon-Wiener 指数（H'）	1.36	0	0.56
	Pielou 指数（E）	0.76	0	0.32
	Simpson 指数（P）	1	0.13	0.57
β 多样性指数	Sørensen 指数（SI）	1	0	0.43
	Jaccard 指数（C_J）	1	0	0.37
	Cody 指数（β_C）	3.5	0	1.76

5. 主要水生植物群丛

菱角湖主要水生植物群丛及湖泊俯瞰全貌如图 2-107 所示。

图 2-107　菱角湖主要水生植物群丛及湖泊俯瞰全貌

2.2.20　小南湖水生植物状况

1. 主要种类

小南湖全湖开展了水生态修复工程，水生植物种类较少，主要有 6 种，即泽泻、鸢尾、荇菜、睡莲、苦草、竹叶眼子菜，其中挺水植物、浮叶植物和沉水植物各 2 种（表 2-41）。

表 2-41　小南湖水生植物主要种类

类型	序号	种	拉丁名
挺水植物	1	泽泻	*Alisma plantago-aquatica* L.
	2	鸢尾	*Iris tectorum* Maxim.
浮叶植物	3	荇菜	*Nymphoides peltata* (S. G. Gmel.) Kuntze
	4	睡莲	*Nymphaea tetragona* Georgi
沉水植物	5	苦草	*Vallisneria natans* (Lour.) Hara
	6	竹叶眼子菜	*Potamogeton wrightii* Morong

2. 空间分布

现状调查的结果表明，小南湖的水生植物在空间分布上呈现出显著特点（图 2-108）。在开阔水域，小南湖主要分布有苦草和竹叶眼子菜，在区域中零星分布着睡莲等植物。在东部湖区的南部，分布有荇菜群丛；在东部湖区的北部，分布有泽泻和鸢尾共生的挺水植物群丛。经统计，修复区面积约占小南湖湖泊面积的 67.29%，挺水植物群丛分布区约占全湖面积的 5.15%，荇菜群丛分布区约占全湖面积的 27.56%。

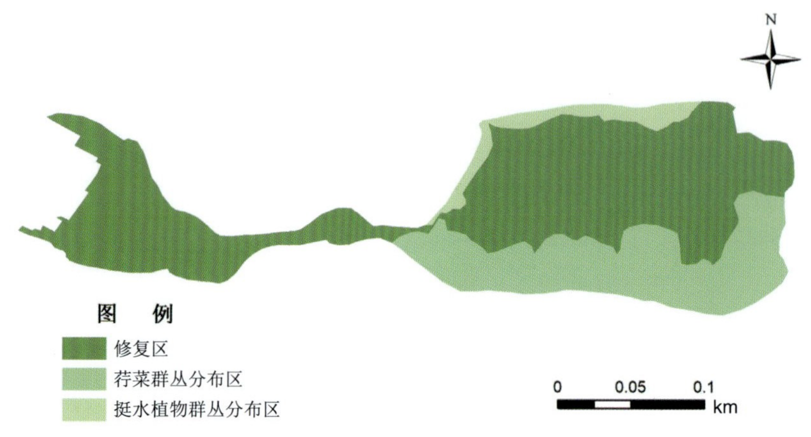

图 2-108　小南湖水生植物空间分布

3. 植物盖度

在修复区，西部湖区的沉水植物盖度高，在 0.9 以上，东部湖区沉水植物盖度低，为 0.1 ~ 0.3（图 2-109）。荇菜群丛分布区的水生植物盖度高，在 0.9 以上（图 2-110）。在北部的挺水植物群丛分布区，水生植物盖度为 0.2 ~ 0.5（图 2-111）。全湖水生植物盖度的空间分布如图 2-112 所示。

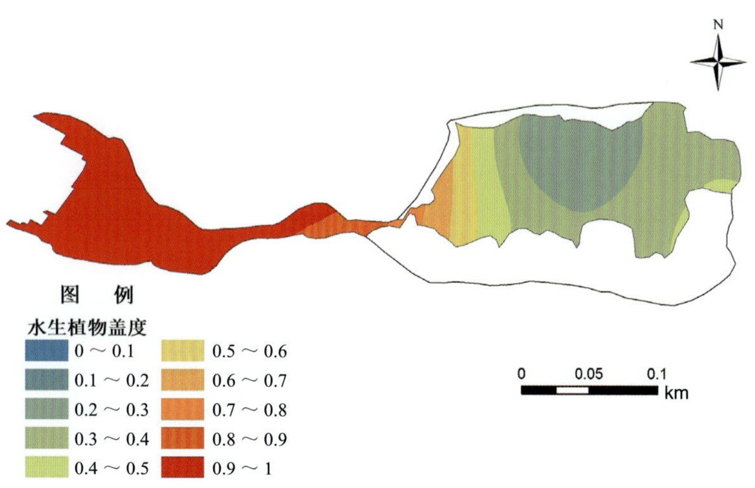

图 2-109　小南湖修复区水生植物盖度空间分布

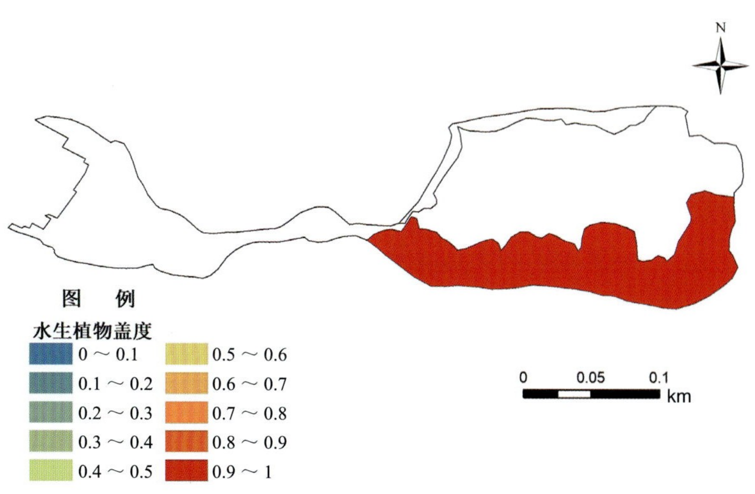

图 2-110　小南湖荇菜群丛分布区水生植物盖度空间分布

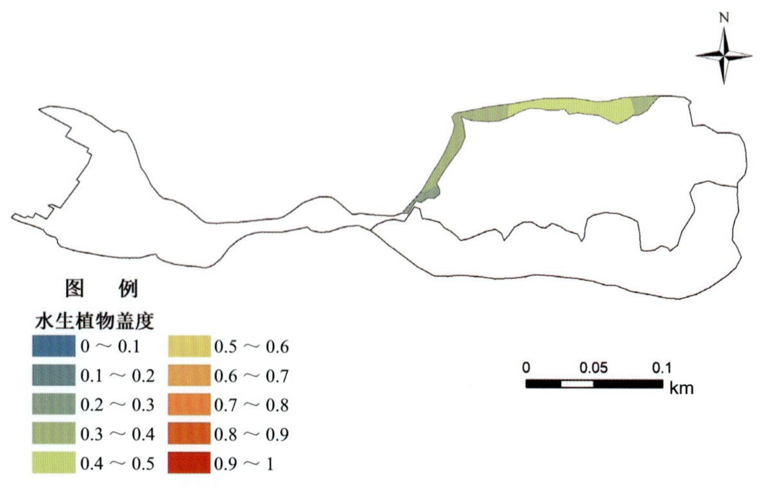

图 2-111　小南湖挺水植物群丛分布区水生植物盖度空间分布

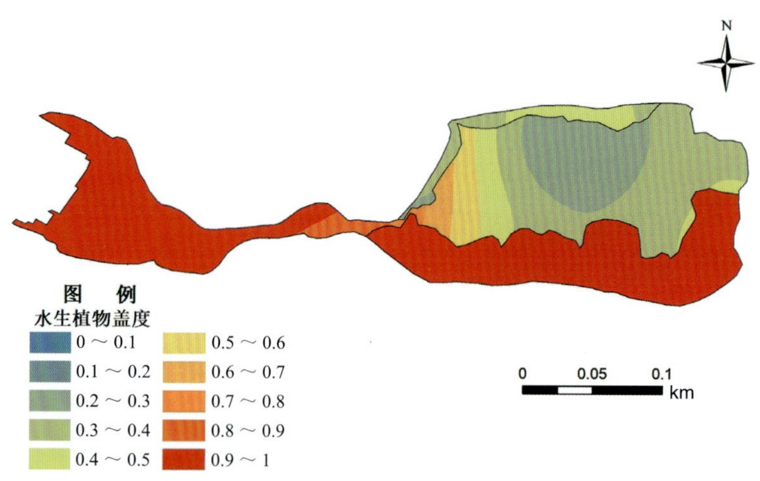

图 2-112　小南湖水生植物盖度全湖空间分布

4. 生物量和多样性指数

（1）全湖生物量估算

根据样方调查的结果，荇菜群丛分布区单位面积水生植物生物量（鲜重）为 0.97 ～ 1.00 kg/m^2，结合其分布面积，全湖荇菜群丛生物量（鲜重）约为 9.11 t。岸带挺水植物群丛分布区单位面积生物量（鲜重）约为 2.51 kg/m^2，结合其分布面积，全湖挺水植物群丛生物量（鲜重）约为 4.32 t。沉水植物修复区单位面积水生植物生物量（鲜重）为 0.52 ～ 2.44 kg/m^2，结合沉水植物群丛的空间分布及面积，全湖沉水植物分布区水生植物生物量（鲜重）约为 25.47 t。

（2）多样性

根据物种丰富度指数、α 多样性指数和 β 多样性指数的计算公式得出小南湖的生物多样性指数，见表 2-42。

表 2-42　小南湖水生植物多样性指数

多样性指数		最大值	最小值	平均值
物种丰富度指数（S）		8	2	3.88
α 多样性指数	Shannon-Wiener 指数（H'）	1.57	0.10	0.74
	Pielou 指数（E）	0.75	0.14	0.54
	Simpson 指数（P）	0.75	0.04	0.41
β 多样性指数	Sørensen 指数（SI）	1	0	0.60
	Jaccard 指数（C_J）	1	0	0.48
	Cody 指数（β_C）	3	0	1.47

5. 主要水生植物群丛

小南湖主要水生植物群丛及湖泊俯瞰全貌如图 2-113 所示。

图 2-113 小南湖主要水生植物群丛及湖泊俯瞰全貌

2.2.21 青山北湖水生植物状况

1. 主要种类

青山北湖的水生植物种类较少，主要有香蒲、芦苇、双穗雀稗、菰、空心莲子草和浮萍 6 种水生植物，其中挺水植物 4 种、浮叶植物 2 种、沉水植物未见（表 2-43）。

表 2-43 青山北湖水生植物主要种类

类型	序号	种	拉丁名
挺水植物	1	香蒲	*Typha orientalis* C. Presl
	2	芦苇	*Phragmites australis* (Cav.) Trin. ex Steud.
	3	双穗雀稗	*Paspalum distichum* L.
	4	菰	*Zizania latifolia* (Griseb.) Turcz. ex Stapf
浮叶植物	5	空心莲子草	*Alternanthera philoxeroides* (Mart.) Griseb.
	6	浮萍	*Lemna minor*

2. 空间分布

青山北湖因污染严重，湖中水生植物少见，其分布见图 2-114 所示。仅在沿岸区域偶见常见水生植物，如香蒲、芦苇、双穗雀稗、菰和空心莲子草。随河流输入的浮萍也属偶见。经统计，未修复区域约占青山北湖全湖面积的 100%。

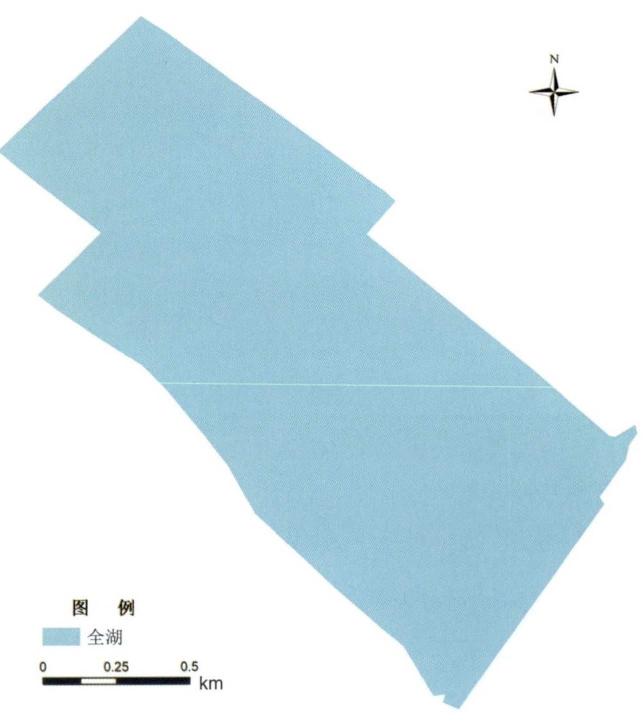

图 2-114　青山北湖水生植物空间分布

3. **植物盖度**

青山北湖的水生植物少见，其盖度几乎为 0，全湖水生植物盖度如图 2-115 所示。

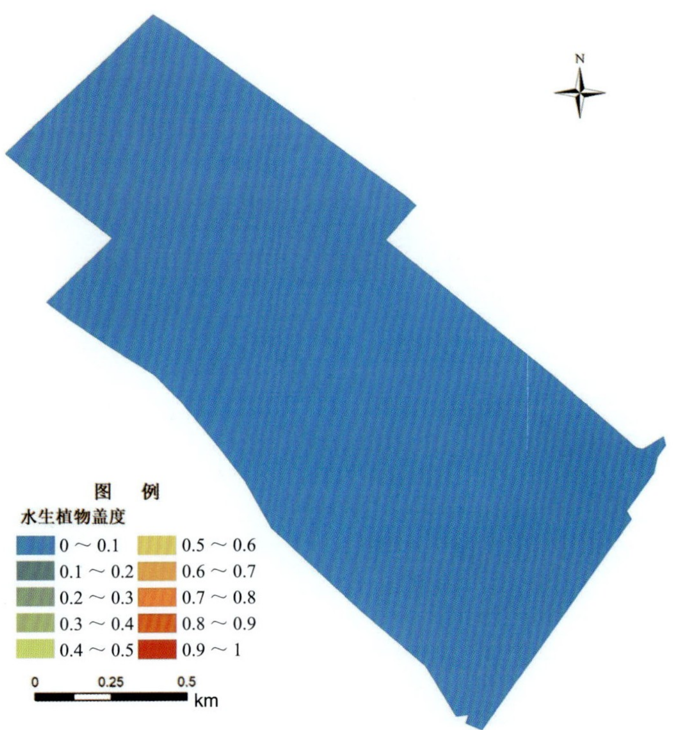

图 2-115　青山北湖水生植物盖度全湖空间分布

4. 生物量和多样性指数

（1）全湖生物量估算

根据样方调查的结果，青山北湖单位面积水生植物生物量为 0 kg/m^2。

（2）多样性

根据物种丰富度指数、α 多样性指数和 β 多样性指数的计算公式得出青山北湖的生物多样性指数，见表 2-44。

表 2-44　青山北湖水生植物多样性指数

多样性指数		最大值	最小值	平均值
物种丰富度指数（S）		0	0	0
α 多样性指数	Shannon-Wiener 指数（H'）	—	—	—
	Pielou 指数（E）	—	—	—
	Simpson 指数（P）	—	—	—
β 多样性指数	Sørensen 指数（SI）	—	—	—
	Jaccard 指数（C_J）	—	—	—
	Cody 指数（β_C）	—	—	—

5. 主要水生植物群丛

青山北湖主要水生植物群丛及湖泊俯瞰全貌如图 2-116 所示。

图 2-116　青山北湖主要水生植物群丛及湖泊俯瞰全貌

2.2.22　内沙湖水生植物状况

1. 主要种类

内沙湖已经完成水生态修复，沿岸带分布着一些挺水植物，敞水区为沉水植物。主要的水生植物种类包括莲、香蒲、芦苇、芦竹、美人蕉、再力花、梭鱼草、双穗雀稗、菰、睡莲、黑藻和竹叶眼子菜共 12 种，其中主要的挺水植物 9 种、主要的浮叶植物 1 种、主要的沉水植物 2 种（表 2-45）。

表 2-45　内沙湖水生植物主要种类

类型	序号	种	拉丁名
挺水植物	1	莲	*Nelumbo nucifera* Gaertn.
	2	香蒲	*Typha orientalis* C. Presl
	3	芦苇	*Phragmites australis* (Cav.) Trin. ex Steud.
	4	芦竹	*Arundo donax* L.
	5	美人蕉	*Canna indica* L.
	6	再力花	*Thalia dealbata* Fraser
	7	梭鱼草	*Pontederia cordata* L.
	8	双穗雀稗	*Paspalum distichum* L.
	9	菰	*Zizania latifolia* (Griseb.) Turcz. ex Stapf
浮叶植物	10	睡莲	*Nymphaea tetragona* Georgi
沉水植物	11	黑藻	*Hydrilla verticillata* (L. f.) Royle
	12	竹叶眼子菜	*Potamogeton wrightii* Morong

2. 空间分布

现状调查的结果表明，内沙湖的水生植物在空间分布上呈现出显著特点（图 2-117）。沉水植物主要分布在修复区，重要种类为黑藻，在全湖分布，零星分布有竹叶眼子菜；除上述沉水植物分布区外，在西南角还分布有莲群丛；其余挺水植物在沿岸带零星分布，并未形成大片覆盖。睡莲主要分布在靠近湖岸水域，为人工种植。经统计，修复区面积约占内沙湖湖泊面积的 95.84%，莲群丛分布区约占全湖面积的 4.16%。

图 2-117　内沙湖水生植物空间分布

3. 植物盖度

内沙湖的水生植物盖度在不同区域差异较小。主要的 2 个水生植物群丛中，沉水植物修复区的盖度为 0.9 以上（图 2-118），几乎全覆盖；莲群丛分布区的水生植物盖度为0.6以上（图2-119）。全湖水生植物盖度高，其空间分布如图2-120所示。

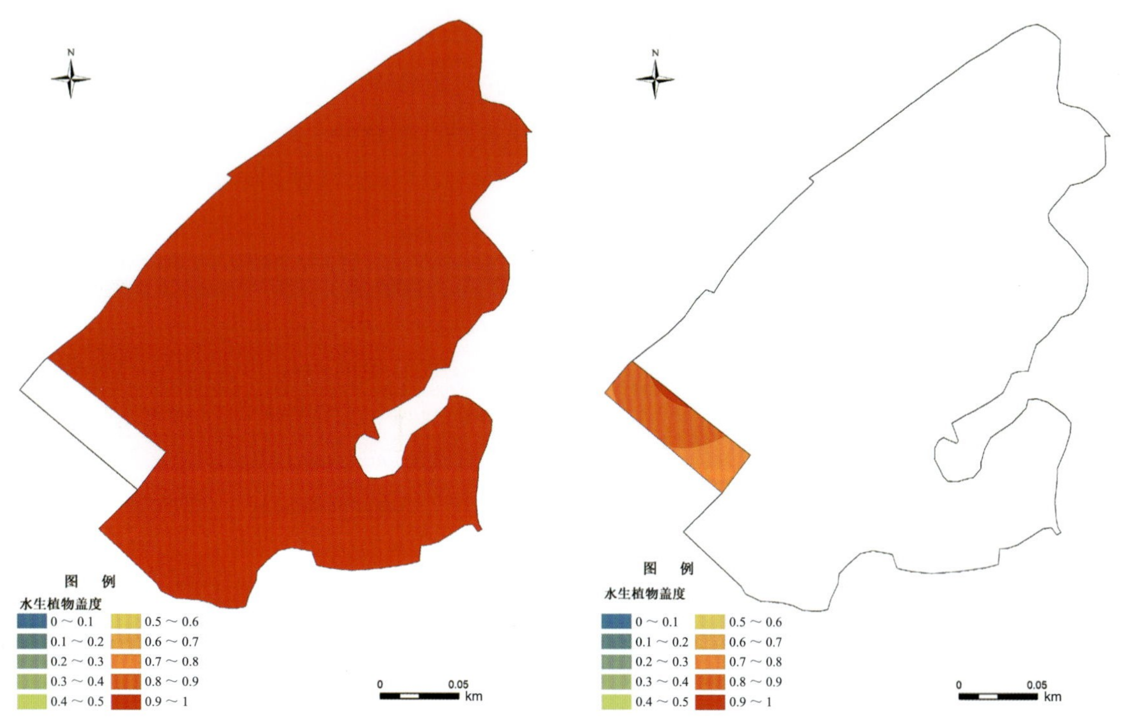

图 2-118 内沙湖修复区水生植物盖度空间分布　图 2-119 内沙湖莲群丛分布区水生植物盖度空间分布

图 2-120 内沙湖水生植物盖度全湖空间分布

4. 生物量和多样性指数

（1）全湖生物量估算

根据样方调查的结果，莲群丛分布区单位面积水生植物生物量（鲜重）为 5.61 ～ 6.75 kg/m^2，结合其分布面积，全湖莲群丛生物量（鲜重）约为 13.38 t。沉水植物修复区单位面积水生植物生物量（鲜重）为 3.00 ～ 3.20 kg/m^2，结合沉水植物群丛的空间分布及面积，全湖沉水植物分布区水生植物生物（鲜重）约为 173.40 t。

（2）多样性

根据物种丰富度指数、α 多样性指数和 β 多样性指数的计算公式得出内沙湖的生物多样性指数，见表 2-46。

表 2-46　内沙湖水生植物多样性指数

多样性指数		最大值	最小值	平均值
物种丰富度指数（S）		11	1	4.33
α 多样性指数	Shannon-Wiener 指数（H'）	1.24	0	0.44
	Pielou 指数（E）	0.52	0	0.24
	Simpson 指数（P）	0.61	0	0.28
β 多样性指数	Sørensen 指数（SI）	1	0.17	0.59
	Jaccard 指数（C_J）	1	0.09	0.52
	Cody 指数（β_C）	5	0	2.17

5. 主要水生植物群丛

内沙湖主要水生植物群丛及湖泊俯瞰全貌如图 2-121 所示。

图 2-121　内沙湖主要水生植物群丛及湖泊俯瞰全貌

2.2.23 晒湖水生植物状况

1. 主要种类

晒湖已全湖实施了水生态修复工程，调查中其主要水生植物有 15 种，包括莲、香蒲、美人蕉、再力花、鸢尾、梭鱼草和菖蒲 7 种主要挺水植物，睡莲、空心莲子草和天胡荽 3 种浮叶植物，苦草、黑藻、穗状狐尾藻、金鱼藻和竹叶眼子菜 5 种沉水植物（表 2-47）。

表 2-47 晒湖水生植物主要种类

类型	序号	种	拉丁名
挺水植物	1	莲	*Nelumbo nucifera* Gaertn.
	2	香蒲	*Typha orientalis* C. Presl
	3	美人蕉	*Canna indica* L.
	4	再力花	*Thalia dealbata* Fraser
	5	鸢尾	*Iris tectorum* Maxim.
	6	梭鱼草	*Pontederia cordata* L.
	7	菖蒲	*Acorus calamus* L.
浮叶植物	8	睡莲	*Nymphaea tetragona* Georgi
	9	空心莲子草	*Alternanthera philoxeroides* (Mart.) Griseb.
	10	天胡荽	*Hydrocotyle sibthorpioides* Lam.
沉水植物	11	苦草	*Vallisneria natans* (Lour.) Hara
	12	黑藻	*Hydrilla verticillata* (L. f.) Royle
	13	穗状狐尾藻	*Myriophyllum spicatum* L.
	14	金鱼藻	*Ceratophyllum demersum* L.
	15	竹叶眼子菜	*Potamogeton wrightii* Morong

2. 空间分布

现状调查的结果表明，晒湖的水生植物在空间分布上呈现出显著特点（图 2-122）。挺水植物分布在湖岸边，主要为再力花群丛和莲群丛。其中，再力花群丛成片分布，夹杂着一些美人蕉、鸢尾、梭鱼草和菖蒲等挺水植物；莲群丛分布区还共生有一些香蒲、空心莲子草等水生植物。敞水区为沉水植物修复区，主要为苦草群丛，零星分布有黑藻、穗状狐尾藻、金鱼藻和竹叶眼子菜。敞水区分布着 4 个浮岛，其水生植物的主要种类为空心莲子草、天胡荽、美人蕉、鸢尾和香蒲等。经统计，修复区面积约占晒湖湖泊面积的 85.76%，莲群丛分布区约占全湖面积的 1.36%，浮岛区约占全湖面积的 0.56%，再力花群丛分布区约占全湖面积的 12.32%。

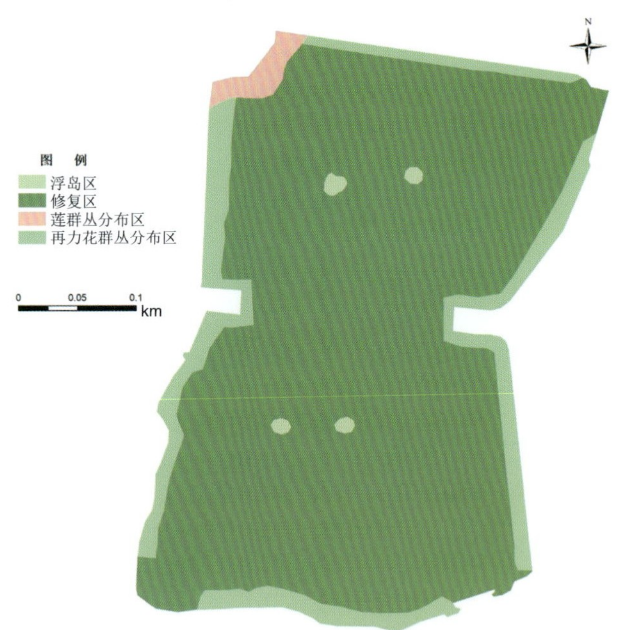

图 2-122　晒湖水生植物空间分布

3. 植物盖度

在敞水区的沉水植物修复区，水生植物盖度为 0.7 ～ 1（图 2-123）。在再力花群丛分布区，水生植物盖度为 0.5 以上（图 2-124）。在莲群丛分布区，水生植物盖度为 0.7 以上（图 2-125）。在浮岛区，水生植物盖度为 0.3 ～ 0.7（图 2-126）。全湖水生植物盖度的空间分布如图 2-127 所示。

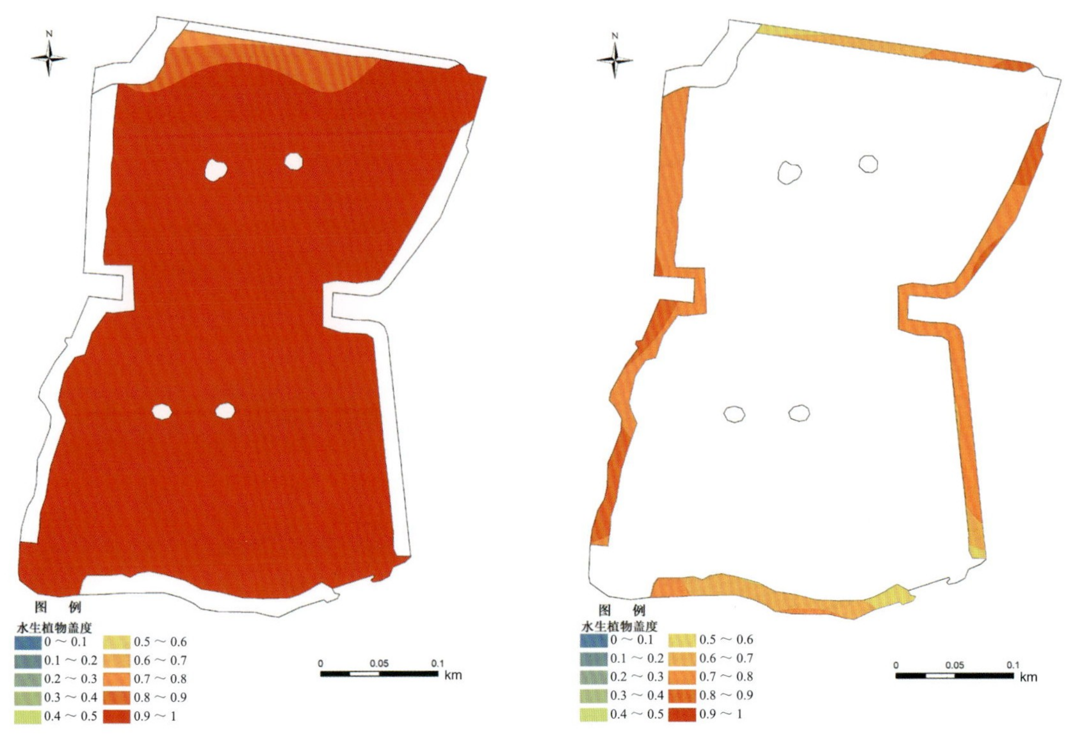

图 2-123　晒湖修复区水生植物盖度空间分布

图 2-124　晒湖岸带再力花群丛分布区水生植物盖度空间分布

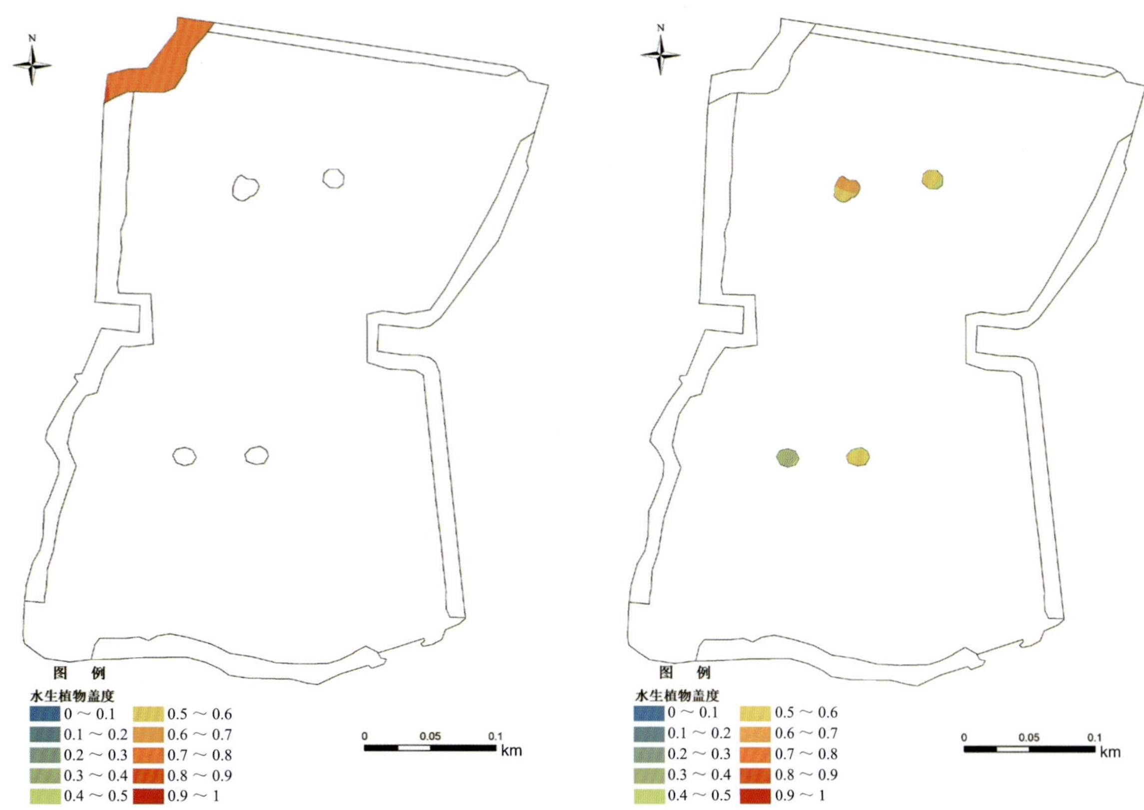

图 2-125 晒湖莲群丛分布区水生植物盖度空间分布

图 2-126 晒湖浮岛区水生植物盖度空间分布

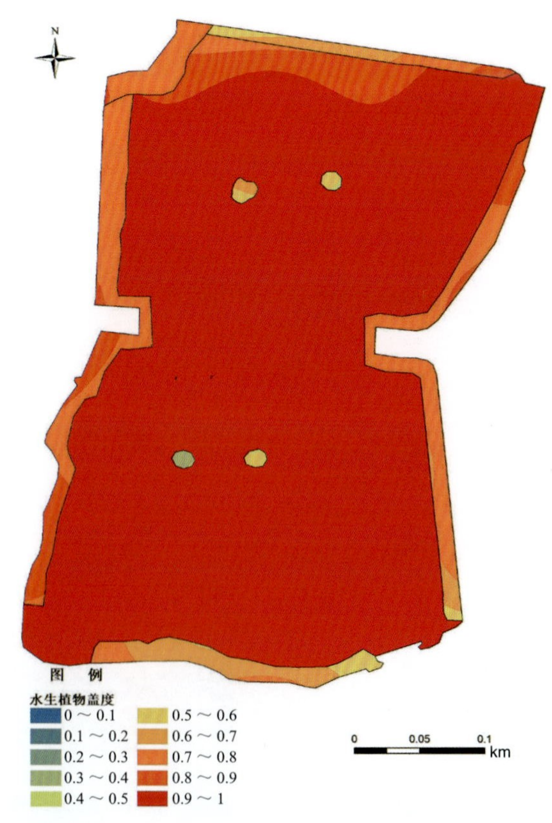

图 2-127 晒湖水生植物盖度全湖空间分布

4. 生物量和多样性指数

（1）全湖生物量估算

根据样方调查的结果，莲群丛单位面积水生植物生物量（鲜重）为 5.40 ～ 5.55 kg/m^2，结合其分布面积，全湖莲群丛生物量（鲜重）约为 9.11 t。再力花群丛单位面积将水生植物生物量（鲜重）为 0.55 ～ 6.11 kg/m^2，结合其分布面积，全湖再力花群丛生物量（鲜重）为 87.78 t。浮岛区单位面积水生植物生物量（鲜重）约为 3.10 kg/m^2，结合其分布面积，全湖浮岛区水生植物生物量（鲜重）约为 2.13 t。沉水植物修复区单位面积水生植物生物量（鲜重）为 2.28 ～ 2.52 kg/m^2，结合沉水植物群丛的空间分布及面积，全湖沉水植物分布区水生植物生物量（鲜重）约为 254.65 t。

（2）多样性

根据物种丰富度指数、α 多样性指数和 β 多样性指数的计算公式得出晒湖的生物多样性指数，见表 2-48。

表 2-48　晒湖水生植物多样性指数

多样性指数		最大值	最小值	平均值
物种丰富度指数（S）		14	0	7.38
α 多样性指数	Shannon-Wiener 指数（H'）	2.14	0	1.02
	Pielou 指数（E）	0.81	0	0.47
	Simpson 指数（P）	1	0.31	0.60
β 多样性指数	Sørensen 指数（SI）	1	0	0.62
	Jaccard 指数（C_J）	1	0	0.57
	Cody 指数（β_C）	7	0	2.25

5. 主要水生植物群丛

晒湖主要水生植物群丛及湖泊俯瞰全貌如图 2-128 所示。

图 2-128　晒湖主要水生植物群丛及湖泊俯瞰全貌

2.2.24 水果湖水生植物状况

1. 主要种类

调查期间，水果湖正在开展水生态修复工程，主要的水生植物有莲、香蒲、芦苇、芦竹、荇菜、空心莲子草、苦草和黑藻共 8 种，其中挺水植物 4 种、浮叶植物 2 种、沉水植物 2 种（表 2-49）。

表 2-49 水果湖水生植物主要种类

类型	序号	种	拉丁名
挺水植物	1	莲	*Nelumbo nucifera* Gaertn.
	2	香蒲	*Typha orientalis* C. Presl
	3	芦苇	*Phragmites australis* (Cav.) Trin. ex Steud.
	4	芦竹	*Arundo donax* L.
浮叶植物	5	荇菜	*Nymphoides peltata* (S. G. Gmel.) Kuntze
	6	空心莲子草	*Alternanthera philoxeroides* (Mart.) Griseb.
沉水植物	7	苦草	*Vallisneria natans* (Lour.) Hara
	8	黑藻	*Hydrilla verticillata* (L. f.) Royle

2. 空间分布

现状调查的结果表明，水果湖的水生植物在空间分布上呈现出不均匀的特征（图 2-129）。水果湖水生态修复工程在区域内沿着南北岸分为 2 个区域，主要种植沉水植物苦草和黑藻。湖心未进行修复，水生植物少见。在东南角有莲群丛分布，主要种类为莲、香蒲、芦苇和空心莲子草。南岸分布有芦竹和芦苇等挺水植物。经统计，修复区面积约占水果湖湖泊面积的 53.84%，莲群丛分布区约占全湖面积的 1.93%，未修复区约占全湖面积的 44.24%。

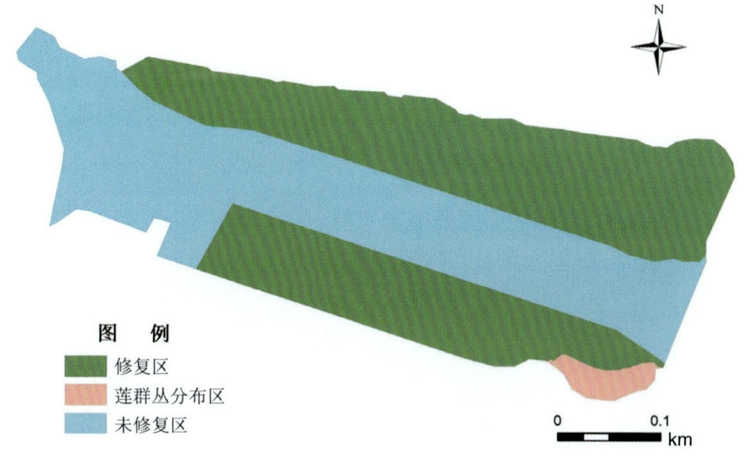

图 2-129 水果湖水生植物空间分布

3. 植物盖度

在水果湖修复区，水生植物盖度高，在 0.6 以上，大部分区域在 0.9 以上（图 2-130）。在未进行水生态修复的区域，水生植物盖度极低（图 2-131）。在莲群丛分布区，水生植物盖度为 0.6 以上（图 2-132）。全湖水生植物盖度的空间分布如图 2-133 所示。

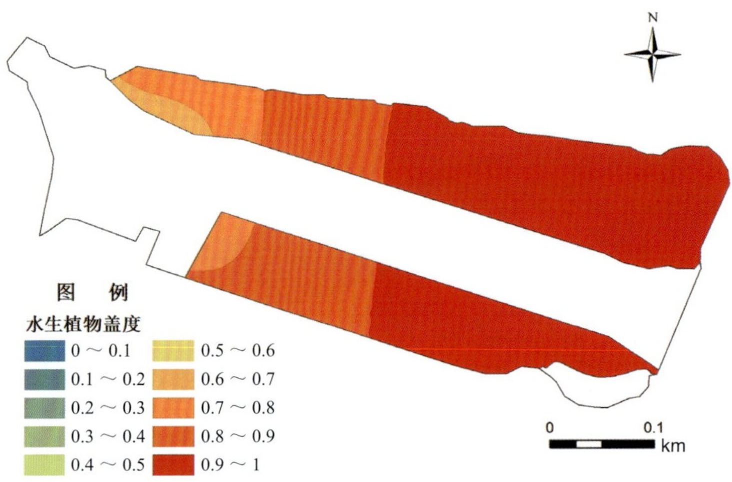

图 2-130　水果湖修复区水生植物盖度空间分布

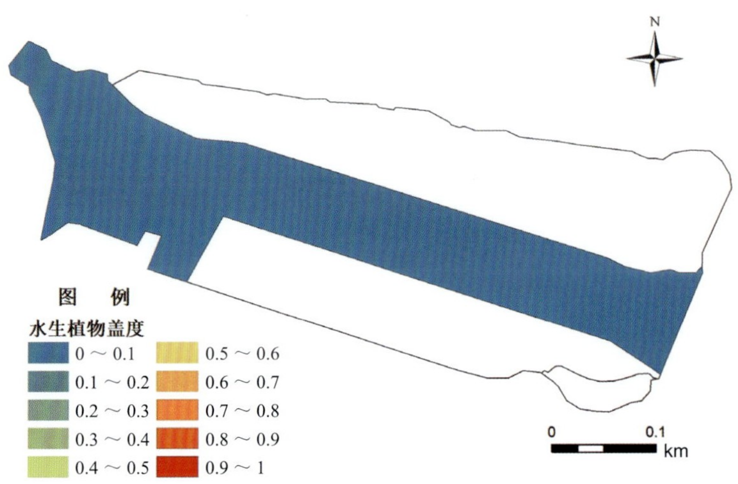

图 2-131　水果湖未修复区水生植物盖度空间分布

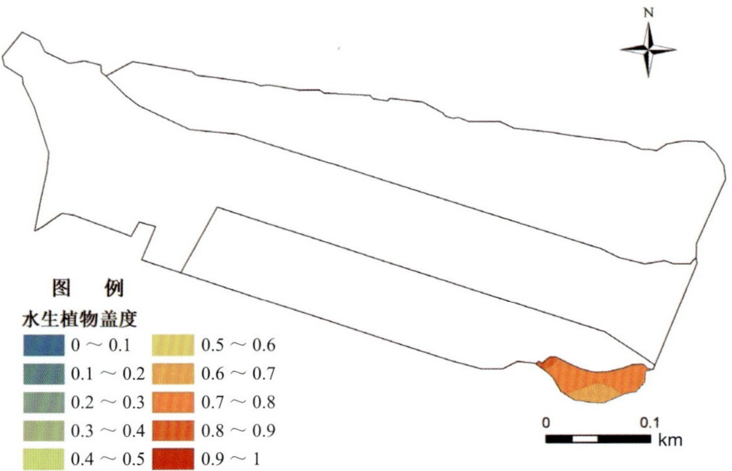

图 2-132　水果湖莲群丛分布区水生植物盖度空间分布

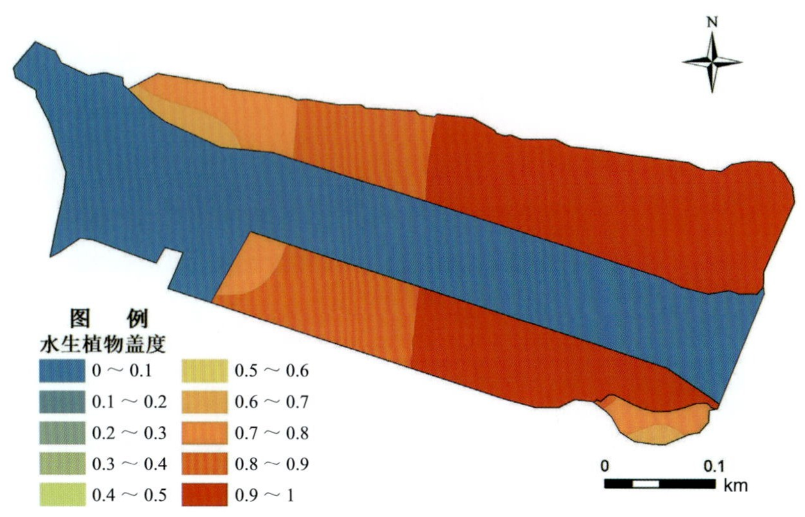

图 2-133 水果湖水生植物盖度全湖空间分布

4. 生物量和多样性指数

（1）全湖生物量估算

根据样方调查的结果，莲群丛单位面积水生植物生物量（鲜重）为 5.85 ~ 5.95 kg/m^2，结合其分布面积，全湖莲群丛生物量（鲜重）约为 13.37 t。沉水植物修复区单位面积水生植物生物量（鲜重）为 2.10 ~ 3.18 kg/m^2，结合沉水植物群丛的空间分布及面积，全湖沉水植物分布区水生植物生物量（鲜重）约为 198.80 t。

（2）多样性

根据物种丰富度指数、α 多样性指数和 β 多样性指数的计算公式得出水果湖的生物多样性指数，见表 2-50。

表 2-50 水果湖水生植物多样性指数

多样性指数		最大值	最小值	平均值
物种丰富度指数（S）		7	0	4.08
α 多样性指数	Shannon-Wiener 指数（H'）	1.60	0	0.90
	Pielou 指数（E）	0.82	0	0.57
	Simpson 指数（P）	1	0.37	0.65
β 多样性指数	Sørensen 指数（SI）	1	0	0.63
	Jaccard 指数（C_J）	1	0	0.58
	Cody 指数（β_C）	3.50	0	1.04

5. 主要水生植物群丛

水果湖主要水生植物群丛及湖泊俯瞰全貌如图 2-134 所示。

图 2-134　水果湖主要水生植物群丛及湖泊俯瞰全貌

2.2.25　四美塘水生植物状况

1. 主要种类

四美塘全湖进行了水生态修复，主要的水生植物有香蒲、芦苇、双穗雀稗、菰、空心莲子草、黑藻、穗状狐尾藻和金鱼藻共 8 种，其中挺水植物 4 种、浮叶植物 1 种、沉水植物 3 种（表 2-51）。

表 2-51　四美塘水生植物主要种类

类型	序号	种	拉丁名
挺水植物	1	香蒲	*Typha orientalis* C. Presl
	2	芦苇	*Phragmites australis* (Cav.) Trin. ex Steud.
	3	双穗雀稗	*Paspalum distichum* L.
	4	菰	*Zizania latifolia* (Griseb.) Turcz. ex Stapf
浮叶植物	5	空心莲子草	*Alternanthera philoxeroides* (Mart.) Griseb.
沉水植物	6	黑藻	*Hydrilla verticillata* (L. f.) Royle
	7	穗状狐尾藻	*Myriophyllum spicatum* L.
	8	金鱼藻	*Ceratophyllum demersum* L.

2. 空间分布

根据现状调查的结果，四美塘全湖为垂直硬质驳岸，水生植物以沉水植物为主，满布于湖中。沉水植物以黑藻为主，零星分布有穗状狐尾藻和金鱼藻。在湖中的浮岛区，主要为挺水植物和浮叶植物，多为空心莲子草，夹杂有香蒲和芦苇等水生植物。水生植物空间分布如图 2-135 所示。经统计，修复区面积约占四美塘湖泊面积的 95.61%，浮岛区约占全湖面积的 4.39%。

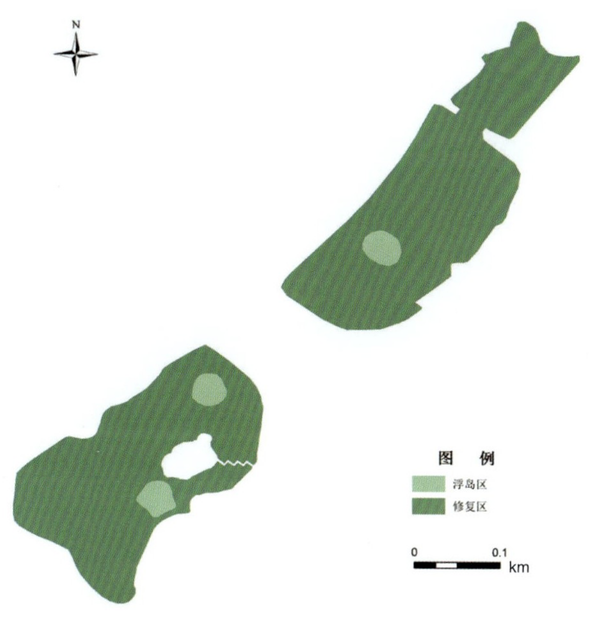

图 2-135　四美塘水生植物空间分布

3. 植物盖度

在沉水植物修复区，水生植物布满湖面，盖度均大于 0.9（图 2-136）。浮岛区的水生植物盖度也较高，均在 0.5 以上（图 2-137）。全湖水生植物盖度的空间分布如图 2-138 所示。

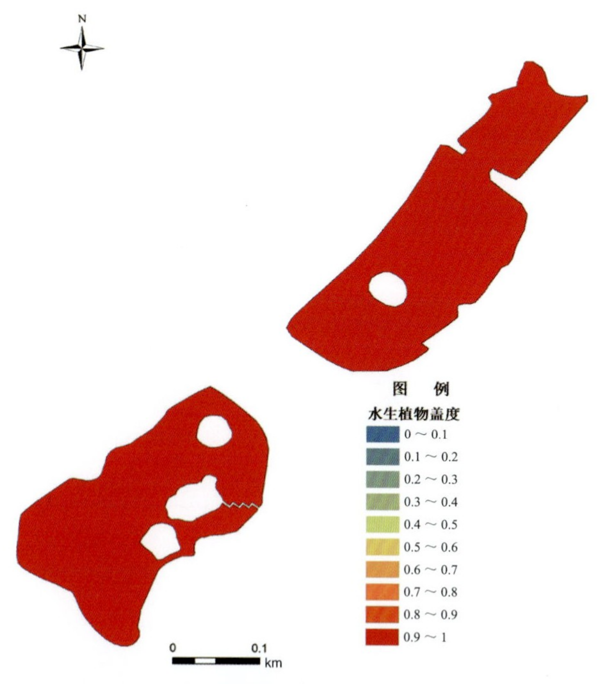

图 2-136　四美塘修复区水生植物盖度空间分布

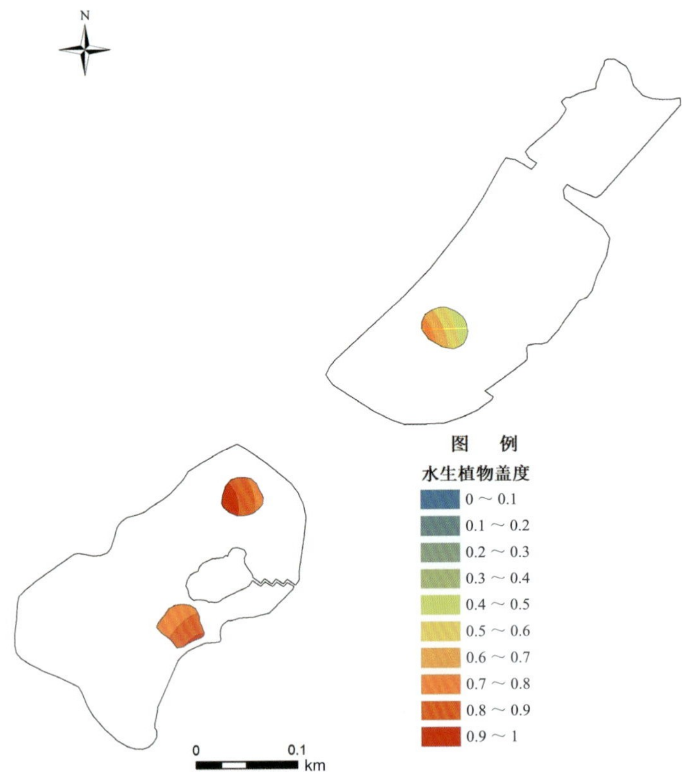

图 2-137　四美塘浮岛区水生植物盖度空间分布

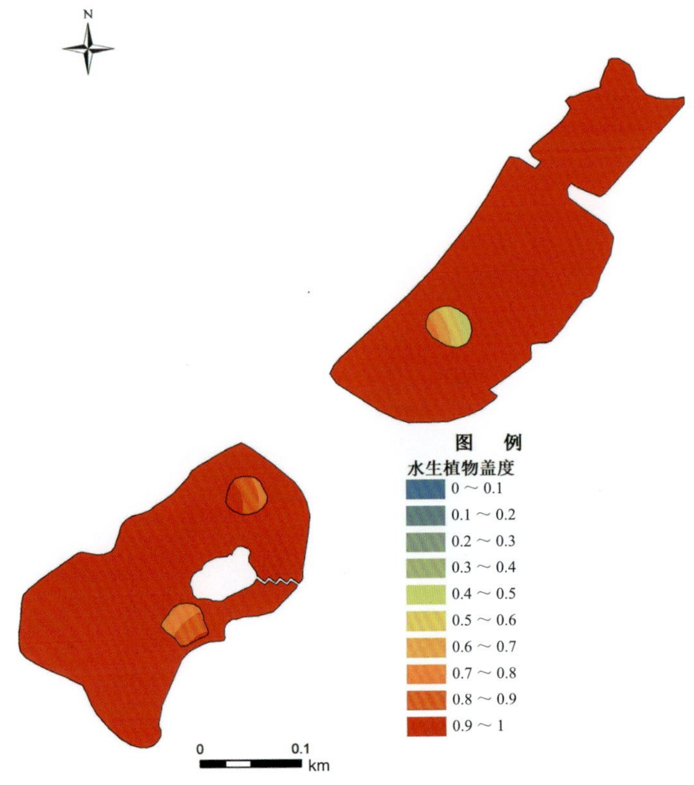

图 2-138　四美塘水生植物盖度全湖空间分布

4. 生物量和多样性指数

（1）全湖生物量估算

根据样方调查的结果，浮岛区单位面积水生植物生物量（鲜重）为 4.57 ~ 4.92 kg/m^2，结合其分布面积，全湖浮岛区水生植物生物量（鲜重）约为 15.80 t。沉水植物修复区单位面积水生植物生物量（鲜重）为 3.06 ~ 4.07 kg/m^2，结合沉水植物群丛的空间分布及面积，全湖沉水植物分布区水生植物生物量（鲜重）约为 265.76 t。

（2）多样性

根据物种丰富度指数、α 多样性指数和 β 多样性指数的计算公式得出四美塘的生物多样性指数，见表 2-52。

表 2-52 四美塘水生植物多样性指数

<table>
<tr><th colspan="2">多样性指数</th><th>最大值</th><th>最小值</th><th>平均值</th></tr>
<tr><td colspan="2">物种丰富度指数（S）</td><td>8</td><td>3</td><td>4.15</td></tr>
<tr><td rowspan="3">α 多样性指数</td><td>Shannon-Wiener 指数（H'）</td><td>1.92</td><td>0.39</td><td>0.94</td></tr>
<tr><td>Pielou 指数（E）</td><td>0.87</td><td>0.28</td><td>0.58</td></tr>
<tr><td>Simpson 指数（P）</td><td>0.83</td><td>0.19</td><td>0.47</td></tr>
<tr><td rowspan="3">β 多样性指数</td><td>Sørensen 指数（SI）</td><td>1</td><td>0.55</td><td>0.84</td></tr>
<tr><td>Jaccard 指数（C_J）</td><td>1</td><td>0.38</td><td>0.78</td></tr>
<tr><td>Cody 指数（β_C）</td><td>2.50</td><td>0</td><td>0.89</td></tr>
</table>

5. 主要水生植物群丛

四美塘主要水生植物群丛及湖泊俯瞰全貌如图 2-139 所示。

图 2-139 四美塘主要水生植物群丛及湖泊俯瞰全貌

2.2.26　外沙湖水生植物状况

1. 主要种类

本次调查期间，外沙湖正在开展全湖水生态修复工程，主要的水生植物包括莲、香蒲、芦苇、芦竹、美人蕉、再力花、梭鱼草、水葱、双穗雀稗、菰、菖蒲、鸢尾、荇菜、空心莲子草、欧菱、水鳖、睡莲、凤眼莲、苦草、黑藻、穗状狐尾藻和金鱼藻共 22 种，其中主要的挺水植物 12 种、主要的浮叶植物 6 种、主要的沉水植物 4 种（表 2-53）。

表 2-53　外沙湖水生植物主要种类

类型	序号	种	拉丁名
挺水植物	1	莲	*Nelumbo nucifera* Gaertn.
	2	香蒲	*Typha orientalis* C. Presl
	3	芦苇	*Phragmites australis* (Cav.) Trin. ex Steud.
	4	芦竹	*Arundo donax* L.
	5	美人蕉	*Canna indica* L.
	6	再力花	*Thalia dealbata* Fraser
	7	梭鱼草	*Pontederia cordata* L.
	8	水葱	*Schoenoplectus tabernaemontani* (C. C. Gmel.) Palla
	9	双穗雀稗	*Paspalum distichum* L.
	10	菰	*Zizania latifolia* (Griseb.) Turcz. ex Stapf
	11	菖蒲	*Acorus calamus* L.
	12	鸢尾	*Iris tectorum* Maxim.
浮叶植物	13	荇菜	*Nymphoides peltata* (S. G. Gmel.) Kuntze
	14	空心莲子草	*Alternanthera philoxeroides* (Mart.) Griseb.
	15	欧菱	*Trapa natans* L.
	16	水鳖	*Hydrocharis dubia* (Bl.) Backer
	17	睡莲	*Nymphaea tetragona* Georgi
	18	凤眼莲	*Eichhornia crassipes* (Mart.) Solms
沉水植物	19	苦草	*Vallisneria natans* (Lour.) Hara
	20	黑藻	*Hydrilla verticillata* (L. f.) Royle
	21	穗状狐尾藻	*Myriophyllum spicatum* L.
	22	金鱼藻	*Ceratophyllum demersum* L.

2. 空间分布

现状调查的结果表明，外沙湖的水生植物在空间分布上呈现出显著特征（图 2-140）。湖面敞水区主要为生态修复工程种植的沉水植物；岸带主要分布有莲群丛，莲与其他挺水植物和浮叶植物共生。经统计，修复区面积约占外沙湖湖泊面积的 81.84%，莲群丛分布区约占全湖面积的

12.92%，未修复区域约占全湖面积的 5.24%。

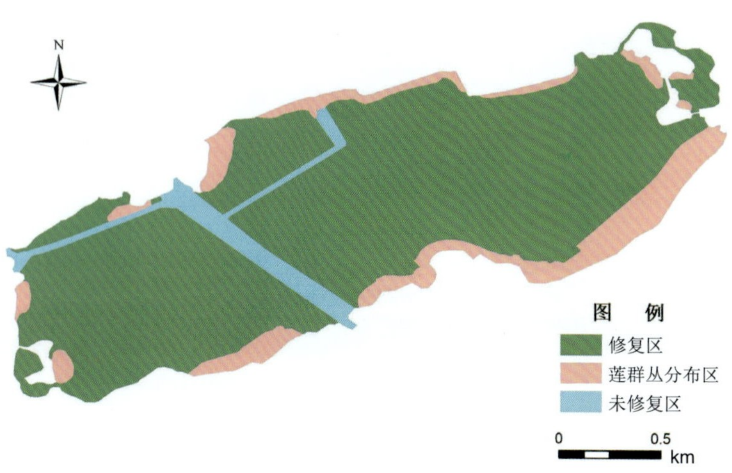

图 2-140 外沙湖水生植物空间分布

3. 植物盖度

水生植物盖度为外沙湖不同区域差异较大。其中，外沙湖修复区的水生植物盖度为 0.1 ~ 0.9，大部分区域盖度为 0.5 以上（图 2-141）。外沙湖还存在部分区域未进行生态修复，其水生植物盖度较低（图 2-142）。在沿岸带的莲群丛分布区，水生植物盖度高，大部分区域盖度为 0.6 以上（图 2-143）。全湖水生植物盖度的空间分布如图 2-144 所示。

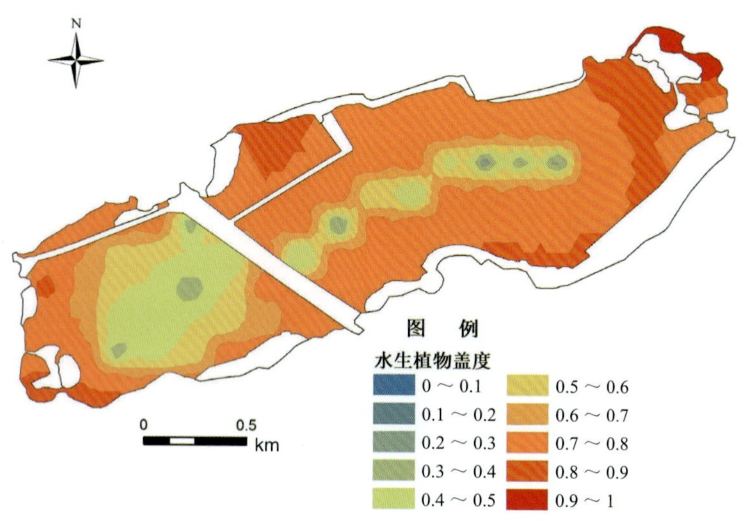

图 2-141 外沙湖修复区水生植物盖度空间分布

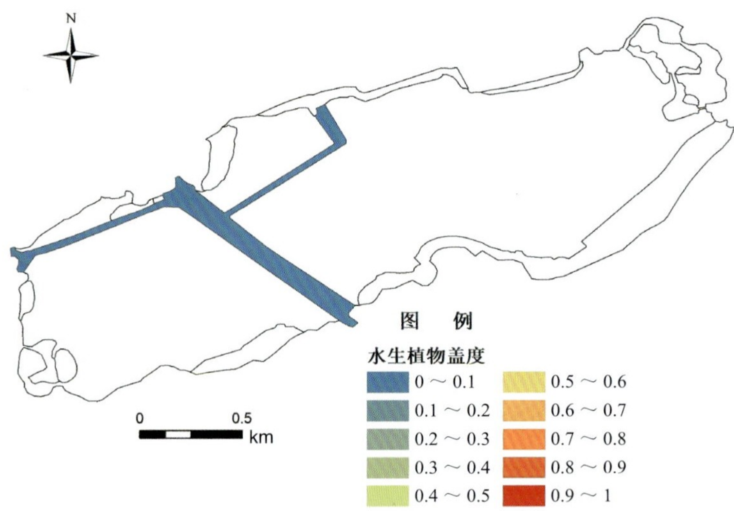

图 2-142 外沙湖未修复区水生植物盖度空间分布

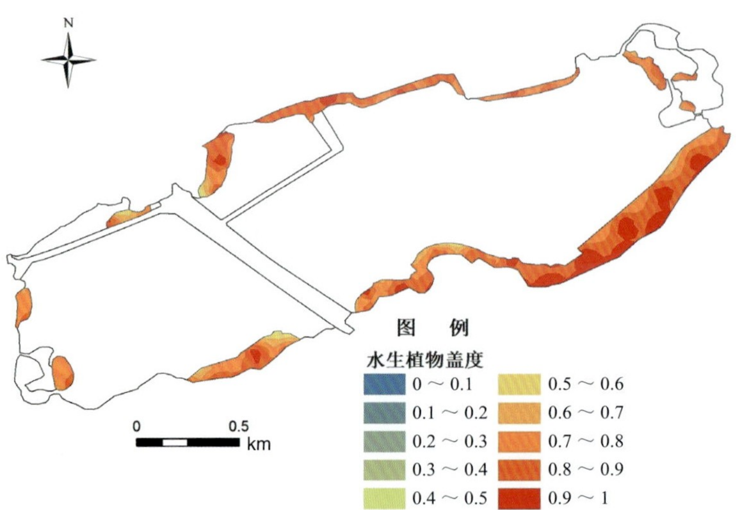

图 2-143 外沙湖莲群丛分布区水生植物盖度空间分布

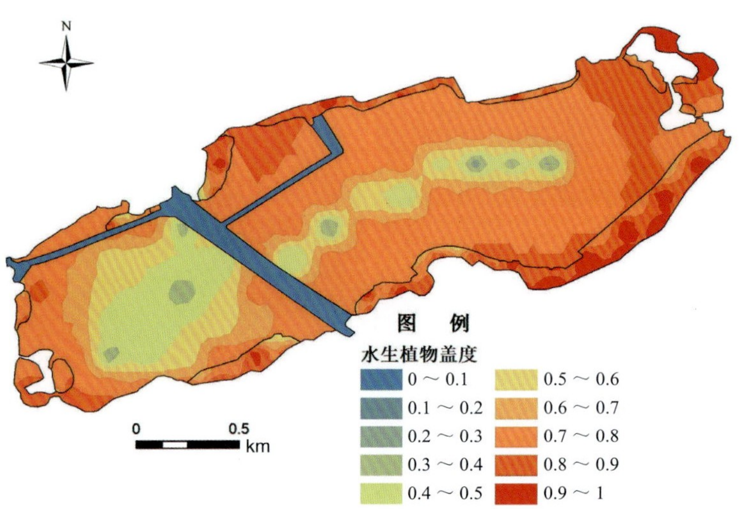

图 2-144 外沙湖水生植物盖度全湖空间分布

4. 生物量和多样性指数

（1）全湖生物量估算

根据样方调查的结果，莲群丛单位面积水生植物生物量（鲜重）为 1.38 ～ 6.88 kg/m^2，结合其分布面积，全湖莲群丛生物量（鲜重）约为 2 098.40 t。沉水植物修复区单位面积水生植物生物量（鲜重）为 0.26 ～ 2.36 kg/m^2，结合沉水植物群丛的空间分布及面积，全湖沉水植物分布区水生植物生物量（鲜重）约为 3 479.52 t。

（2）多样性

根据物种丰富度指数、α 多样性指数和 β 多样性指数的计算公式得出外沙湖的生物多样性指数，见表 2-54。

表 2-54 外沙湖水生植物多样性指数

多样性指数		最大值	最小值	平均值
物种丰富度指数（S）		22	1	7.87
α 多样性指数	Shannon-Wiener 指数（H'）	1.98	0	0.95
	Pielou 指数（E）	1	0.31	0.73
	Simpson 指数（P）	0.84	0	0.52
β 多样性指数	Sørensen 指数（SI）	1	0	0.56
	Jaccard 指数（C_J）	1	0	0.48
	Cody 指数（β_C）	11	0	4.17

5. 主要水生植物群丛

外沙湖主要水生植物群丛及湖泊俯瞰全貌如图 2-145 所示。

图 2-145 外沙湖主要水生植物群丛及湖泊俯瞰全貌

2.2.27 紫阳湖水生植物状况

1. 主要种类

紫阳湖已完成水生态修复工程，全湖水生植物较多，主要包括莲、香蒲、芦苇、美人蕉、再力花、梭鱼草、菰、鸢尾、荇菜、空心莲子草、天胡荽、水鳖、睡莲、浮萍、苦草、黑藻、穗状狐尾藻和金鱼藻共 18 种水生植物，其中主要的挺水植物 8 种、主要的浮叶植物 6 种、主要的沉水植物 4 种（表 2-55）。

表 2-55　紫阳湖水生植物主要种类

类型	序号	种	拉丁名
挺水植物	1	莲	*Nelumbo nucifera* Gaertn.
	2	香蒲	*Typha orientalis* C. Presl
	3	芦苇	*Phragmites australis* (Cav.) Trin. ex Steud.
	4	美人蕉	*Canna indica* L.
	5	再力花	*Thalia dealbata* Fraser
	6	梭鱼草	*Pontederia cordata* L.
	7	菰	*Zizania latifolia* (Griseb.) Turcz. ex Stapf
	8	鸢尾	*Iris tectorum* Maxim.
浮叶植物	9	荇菜	*Nymphoides peltata* (S. G. Gmel.) Kuntze
	10	空心莲子草	*Alternanthera philoxeroides* (Mart.) Griseb.
	11	天胡荽	*Hydrocotyle sibthorpioides* Lam.
	12	水鳖	*Hydrocharis dubia* (Bl.) Backer
	13	睡莲	*Nymphaea tetragona* Georgi
	14	浮萍	*Lemna minor*
沉水植物	15	苦草	*Vallisneria natans* (Lour.) Hara
	16	黑藻	*Hydrilla verticillata* (L. f.) Royle
	17	穗状狐尾藻	*Myriophyllum spicatum* L.
	18	金鱼藻	*Ceratophyllum demersum* L.

2. 空间分布

紫阳湖的水生植物较多，挺水植物主要分布于沿岸区域，尤其是东岸；浮叶植物主要分布在浮岛区及部分湖岸边的挺水植物区域；其余湖区分布着大量的沉水植物，以苦草为主，其余沉水植物偶见。紫阳湖水生植物的空间分布如图 2-146 所示。经统计，修复区面积约占紫阳湖湖泊面积的 95.80%，浮岛区约占全湖面积的 3.03%，鸢尾群从分布区约占全湖面积的 1.18%。

图 2-146 紫阳湖水生植物空间分布

3. 植物盖度

紫阳湖的水生植物盖度较高，沉水植物修复区盖度为 0.8 以上（图 2-147）；在岸带的鸢尾群丛分布区，盖度为 0.7 ～ 1（图 2-148）；浮岛区的水生植物盖度为 0.5 以上（图 2-149）。全湖水生植物盖度的空间分布如图 2-150 所示。

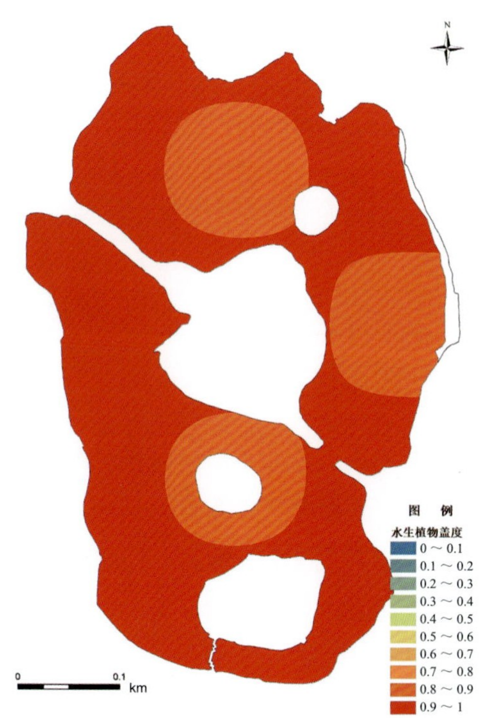

图 2-147 紫阳湖修复区水生植物盖度空间分布

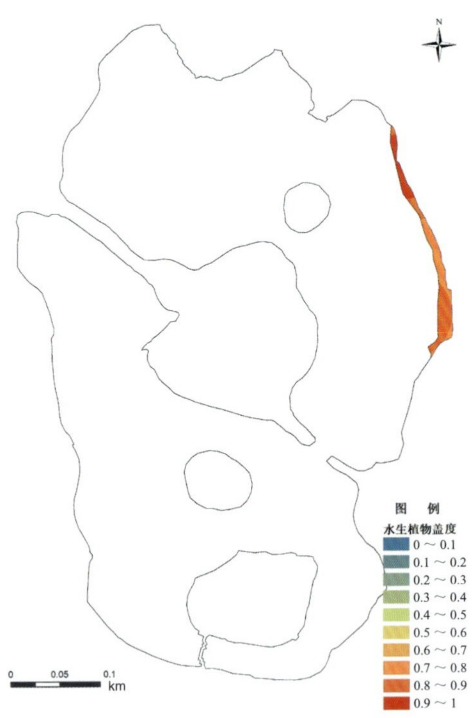

图 2-148　紫阳湖鸢尾群丛分布区水生植物盖度空间分布

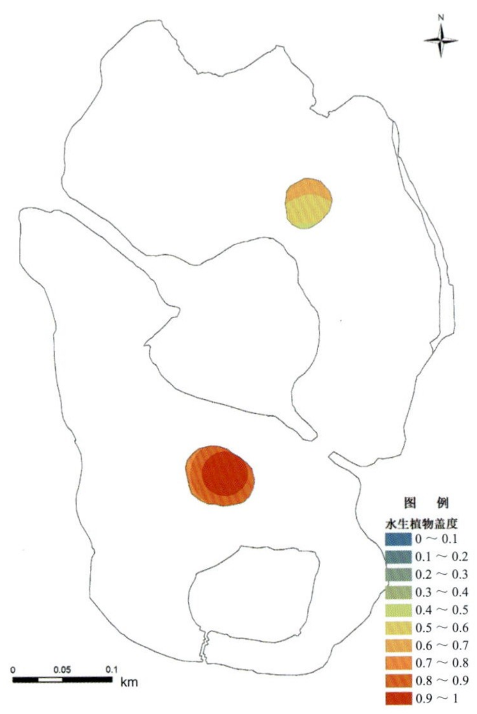

图 2-149　紫阳湖浮岛区水生植物盖度空间分布

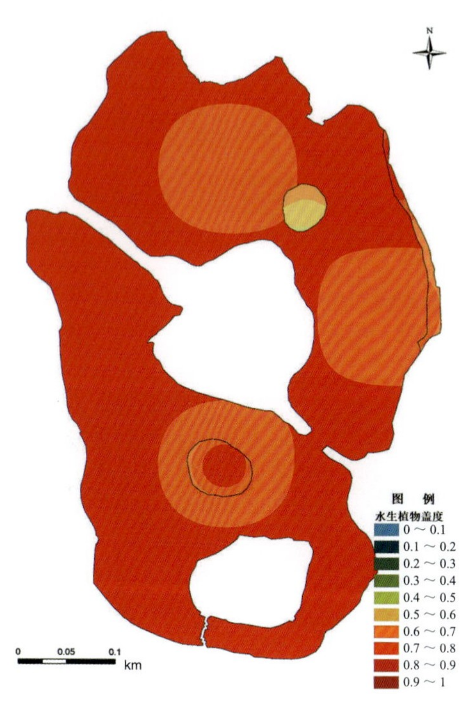

图 2-150 紫阳湖水生植物盖度全湖空间分布

4. 生物量和多样性指数

（1）全湖生物量估算

根据样方调查的结果，鸢尾群丛单位面积水生植物生物量（鲜重）为 5.59 ～ 6.09 kg/m^2，结合其分布面积，全湖鸢尾群丛生物量（鲜重）约为 9.41 t。浮岛区单位面积水生植物生物量（鲜重）为 2.81 ～ 3.88 kg/m^2，结合其分布面积，全湖浮岛区水生植物生物量（鲜重）约为 13.22 t。沉水植物修复区单位面积水生植物生物量（鲜重）为 1.28 ～ 2.37 kg/m^2，结合沉水植物群丛的空间分布及面积，全湖沉水植物分布区水生植物生物量（鲜重）约为 222.88 t。

（2）多样性

根据物种丰富度指数、α 多样性指数和 β 多样性指数的计算公式得出紫阳湖的生物多样性指数，见表 2-56。

表 2-56 紫阳湖水生植物多样性指数

多样性指数		最大值	最小值	平均值
物种丰富度指数（S）		14	3	4.79
α 多样性指数	Shannon-Wiener 指数（H'）	2.01	0.28	1.01
	Pielou 指数（E）	0.96	0.25	0.70
	Simpson 指数（P）	0.82	0.13	0.53

多样性指数		最大值	最小值	平均值
β 多样性指数	Sørensen 指数（SI）	1	0.35	0.77
	Jaccard 指数（C_J）	1	0.21	0.69
	Cody 指数（β_C）	5.55	0	1.60

5. 主要水生植物群丛

紫阳湖主要水生植物群丛及湖泊俯瞰全貌如图 2-151 所示。

图 2-151　紫阳湖主要水生植物群丛及湖泊俯瞰全貌

武汉市
城市湖泊主要
水生植物名录和图谱

WUHAN SHI CHENGSHI HUPO
SHUISHENG ZHIWU
XIANZHUANG YU TUPU JI

3.1 武汉市城市湖泊主要水生植物名录

根据对武汉市中心城区湖泊的调查，共统计了 41 科 82 属 124 种水生植物（含湿生植物），见表 3-1。其中，蕨类植物共 2 科 3 属 3 种，为常见的满江红、苹和槐叶蘋；被子植物共 39 科 79 属 121 种。按照生活方式（生活型）划分，武汉市城市湖泊主要水生植物中有沉水植物 15 种、浮叶植物 11 种、漂浮植物 8 种、挺水植物 90 种，其中很多挺水植物为生长在岸带区域的湿生植物。

表 3-1　武汉市城市湖泊主要水生植物名录

物种名		拉丁名	属名		科名	
蕨类植物 PTERIDOPHYTA						
1	苹	*Marsilea quadrifolia* L.	1)	苹属	1)	苹科
2	满江红	*Azolla pinnata* subsp. *asiatica* R. M. K. Saunders & K. Fowler	2)	满江红属	2)	槐叶蘋科
3	槐叶蘋	*Salvinia natans* (L.) All.	3)	槐叶蘋属		
被子植物 ANGIOSPERMAE						
4	半边莲	*Lobelia chinensis* Lour.	4)	半边莲属	3)	桔梗科
5	蕺菜	*Houttuynia cordata* Thunb.	5)	蕺菜属	4)	三白草科
6	红蓼	*Persicaria orientale* (L.) Spach	6)	蓼属	5)	蓼科
7	酸模叶蓼	*Persicaria lapathifolia* (L.) Delarbre				
8	水蓼	*Persicaria hydropiper* (L.) Spach				
9	酸模	*Rumex acetosa* L.	7)	酸模属		
10	皱叶酸模	*Rumex crispus* L.				
11	空心莲子草	*Alternanthera philoxeroides (*Mart.) Griseb.	8)	莲子草属	6)	苋科
12	莲	*Nelumbo nucifera* Gaertn.	9)	莲属	7)	莲科
13	芡	*Euryale ferox* Salisb. ex K. D. Koenig & Sims	10)	芡属	8)	睡莲科
14	萍蓬草	*Nuphar pumila* (Timm) DC.	11)	萍蓬草属		
15	睡莲	*Nymphaea tetragona* Georgi	12)	睡莲属		
16	水盾草	*Cabomba caroliniana* A. Gray	13)	水盾草属	9)	莼菜科
17	金鱼藻	*Ceratophyllum demersum* L.	14)	金鱼藻属	10)	金鱼藻科
18	田野毛茛	*Ranunculus arvensis* L.	15)	毛茛属	11)	毛茛科
19	禺毛茛	*Ranunculus cantoniensis* DC.				
20	茴茴蒜	*Ranunculus chinensis* Bunge				
21	毛茛	*Ranunculus japonicas* Thunb.				
22	石龙芮	*Ranunculus sceleratus* L.				
23	扬子毛茛	*Ranunculus sieboldii* Miq.				
24	天葵	*Semiaquilegia adoxoides* (DC.) Makino	16)	天葵属		
25	水毛茛	*Ranunculus bungei* Steud.	17)	水毛茛属		
26	弯曲碎米荠	*Cardamine flexuosa* With.	18)	碎米荠属	12)	十字花科

物种名		拉丁名	属名		科名	
27	独行菜	*Lepidium apetalum* Willd.	19)	独行菜属	12)	十字花科
28	豆瓣菜	*Nasturtium officinale* R. Br. ex W. T. Aiton	20)	豆瓣菜属		
29	垂盆草	*Sedum sarmentosum* Bunge	21)	景天属	13)	景天科
30	酢浆草	*Oxalis corniculata* L.	22)	酢浆草属	14)	酢浆草科
31	紫叶酢浆草	*Oxalis triangularis* 'mijke'				
32	山酢浆草	*Oxalis griffithii* Edgew. & Hook. f.				
33	野老鹳草	*Geranium carolinianum* L.	23)	老鹳草属	15)	牻牛儿苗科
34	千屈菜	*Lythrum salicaria* L.	24)	千屈菜属	16)	千屈菜科
35	圆叶节节菜	*Rotala rotundifolia* (Buch.-Ham. ex Roxb.) Koehne	25)	节节菜属		
36	细果野菱	*Trapa incisa* Siebold & Zucc.	26)	菱属		
37	欧菱	*Trapa natans* L.				
38	黄花水龙	*Ludwigia peploides* subsp. *stipulacea* (Ohwi) Raven	27)	丁香蓼属	17)	柳叶菜科
39	丁香蓼	*Ludwigia prostrata* Roxb.				
40	粉绿狐尾藻	*Myriophyllum aquaticum* (Vell.) Verdc.	28)	狐尾藻属	18)	小二仙草科
41	穗状狐尾藻	*Myriophyllum spicatum* L.				
42	天胡荽	*Hydrocotyle sibthorpioides* Lam.	29)	天胡荽属	19)	五加科
43	南美天胡荽	*Hydrocotyle verticillata* Thunb.				
44	水芹	*Oenanthe javanica* (Blume) DC.	30)	水芹属	20)	伞形科
45	荇菜	*Nymphoides peltata* (S. G. Gmel.) Kuntze	31)	荇菜属	21)	睡菜科
46	匍茎通泉草	*Mazus miquelii* Makino	32)	通泉草属	22)	通泉草科
47	通泉草	*Mazus pumilus* (Burm. f.) Steenis				
48	黄花狸藻	*Utricularia aurea* Lour.	33)	狸藻属	23)	狸藻科
49	水蓑衣	*Hygrophila ringens* (L.) R. Brown ex Spreng.	34)	水蓑衣属	24)	爵床科
50	透骨草	*Phryma leptostachya* subsp. *asiatica* (Hara) Kitam.	35)	透骨草属	25)	透骨草科
51	微糙三脉紫菀	*Aster ageratoides* var. *scaberulus* (Miq.) Y. Ling	36)	紫菀属	26)	菊科
52	毡毛马兰	*Aster shimadae* (Kitam.) Nemoto				
53	鬼针草	*Bidens pilosa* L.	37)	鬼针草属		
54	鳢肠	*Eclipta prostrata* (L.) L.	38)	鳢肠属		
55	虾须草	*Sheareria nana* S. Moore	39)	虾须草属		
56	水烛	*Typha angustifolia* L.	40)	香蒲属	27)	香蒲科
57	香蒲	*Typha orientalis* C. Presl				
58	宽叶香蒲	*Typha latifolia* L.				
59	菹草	*Potamogeton crispus* L.	41)	眼子菜属	28)	眼子菜科
60	眼子菜	*Potamogeton distinctus* A.Benn.				
61	光叶眼子菜	*Potamogeton lucens* L.				

物种名		拉丁名	属名		科名	
62	微齿眼子菜	*Potamogeton maackianus* A.Benn.	41)	眼子菜属	28)	眼子菜科
63	竹叶眼子菜	*Potamogeton wrightii* Morong				
64	水金英	*Hydrocleys nymphoides* (Humb. & Bonpl. ex Willd.) Buchenau	42)	水金英属	29)	黄花蔺科
65	野慈姑	*Sagittaria trifolia* L.	43)	慈姑属	30)	泽泻科
66	慈姑	*Sagittaria trifolia* subsp. *leucopetala* (Miquel) Q. F. Wang				
67	泽泻	*Alisma plantago-aquatica* L.	44)	泽泻属		
68	黑藻	*Hydrilla verticillata* (L. f.) Royle	45)	黑藻属	31)	水鳖科
69	水鳖	*Hydrocharis dubia* (Blume) Backer	46)	水鳖属		
70	苦草	*Vallisneria natans* (Lour.) Hara	47)	苦草属		
71	大茨藻	*Najas marina* L.	48)	茨藻属		
72	小茨藻	*Najas minor* All.				
73	伊乐藻	*Elodea nuttallii* (Planch.) H.St.John	49)	水蕴藻属		
74	日本看麦娘	*Alopecurus japonicus* Steud.	50)	看麦娘属	32)	禾本科
75	荩草	*Arthraxon hispidus* (Thunb.) Makino	51)	荩草属		
76	矛叶荩草	*Arthraxon prionodes* (Steud.) Dandy				
77	芦竹	*Arundo donax* L.	52)	芦竹属		
78	薏苡	*Coix lacryma-jobi* L.	53)	薏苡属		
79	马唐	*Digitaria sanguinalis* (L.) Scop.	54)	马唐属		
80	长芒稗	*Echinochloa caudata* Roshev.	55)	稗属		
81	无芒稗	*Echinochloa crus-galli* var. *mitis* (Pursh) Peterm.				
82	孔雀稗	*Echinochloa crus-pavonis* (Kunth) Schult.				
83	稗	*Echinochloa crus-galli* (L.) P. Beauv.				
84	鹅观草	*Elymus kamoji* (Ohwi) S. L. Chen	56)	披碱草属		
85	荻	*Miscanthus sacchariflorus* (Maxim.) Benth. & Hook. f. ex Franch.	57)	芒属		
86	糠稷	*Panicum bisulcatum* Thunb.	58)	黍属		
87	双穗雀稗	*Paspalum distichum* L.	59)	雀稗属		
88	雀稗	*Paspalum thunbergii* Kunth ex Steud.				
89	毛花雀稗	*Paspalum dilatatum* Poir.				
90	芦苇	*Phragmites australis* (Cav.) Trin. ex Steud.	60)	芦苇属		
91	菰	*Zizania latifolia* (Griseb.) Turcz. ex Stapf	61)	菰属		
92	荆三棱	*Bolboschoenus yagara* (Ohwi) Y. C. Yang & M. Zhan	62)	三棱草属	33)	莎草科
93	中华薹草	*Carex chinensis* Retz.	63)	薹草属		
94	扁穗莎草	*Cyperus compressus* L.	64)	莎草属		
95	异型莎草	*Cyperus difformis* L.				
96	头状穗莎草	*Cyperus glomeratus* L.				
97	风车草	*Cyperus involucratus* Rottb.				

	物种名	拉丁名	属名		科名	
98	碎米莎草	*Cyperus iria* L.	64)	莎草属	33)	莎草科
99	具芒碎米莎草	*Cyperus microiria* Steud.				
100	香附子	*Cyperus rotundus* L.				
101	断节莎	*Cyperus odoratus* L.				
102	荸荠	*Eleocharis dulcis (*Burm. f.) Trin. ex Hensch.	65)	荸荠属		
103	牛毛毡	*Eleocharis yokoscensis* (Franch. & Sav.) Tang & F. T. Wang				
104	水虱草	*Fimbristylis littoralis* Gaudich.	66)	飘拂草属		
105	短叶水蜈蚣	*Kyllinga brevifolia* Rottb.	67)	水蜈蚣属		
106	水葱	*Schoenoplectus tabernaemontani* (C. C. Gmel.) Palla	68)	水葱属		
107	菖蒲	*Acorus calamus* L.	69)	菖蒲属	34)	菖蒲科
108	大薸	*Pistia stratiotes* L.	70)	大薸属	35)	天南星科
109	浮萍	*Lemna minor* L.	71)	浮萍属		
110	紫萍	*Spirodela polyrhiza* (L.) Schleid.	72)	紫萍属		
111	芜萍	*Wolffia arrhiza* (L.) Wimmer	73)	芜萍属		
112	鸭跖草	*Commelina communis* L.	74)	鸭跖草属	36)	鸭跖草科
113	凤眼莲	*Eichhornia crassipes* Mart.	75)	凤眼莲属	37)	雨久花科
114	雨久花	*Monochoria korsakowii* Regel & Maack	76)	雨久花属		
115	鸭舌草	*Monochoria vaginalis* Burm. f.				
116	梭鱼草	*Pontederia cordata* L.	77)	梭鱼草属		
117	翅茎灯芯草	*Juncus alatus* Franch. & Sav.	78)	灯芯草属	38)	灯芯草科
118	灯芯草	*Juncus effusus* L.				
119	笄石菖	*Juncus prismatocarpus* R. Br.				
120	多花地杨梅	*Luzula multiflora* (Ehrh.) Lej.	79)	地杨梅属		
121	鸢尾	*Iris tectorum* Maxim.	80)	鸢尾属	39)	鸢尾科
122	再力花	*Thalia dealbata* Fraser	81)	水竹芋属	40)	竹芋科
123	大花美人蕉	*Canna* × *generalis* L.H.Bailey	82)	美人蕉属	41)	美人蕉科
124	美人蕉	*Canna indica* L.				

3.2 武汉市城市湖泊主要水生植物图谱

根据上述调查获得的武汉市城市湖泊主要水生植物名录编制了以下武汉市城市湖泊主要水生植物图谱。

3.2.1 苹科

苹 *Marsilea quadrifolia* L.

别名田字苹，苹科苹属，沼生草本，高 5 ～ 20 cm。根状茎细长横走，分枝，顶端有淡棕色毛。叶柄长 5 ～ 20 cm，叶片具 4 片倒三角形小叶，呈十字形，外缘半圆形。叶脉从小叶基部向上呈放射状分叉，组成狭长网眼，伸向叶边，无内藏小脉。孢子果双生或单生于短柄上，而柄着生于叶柄基部，长椭圆形，幼时被毛，褐色，木质，坚硬。广泛分布于长江以南各省（区、市），通常生长在水田、沟塘或湖泊水岸交界带，在武汉市城市湖泊的自然岸带偶见。

图 3-1 苹

3.2.2 槐叶蘋科

满江红 *Azolla pinnata* subsp. *asiatica* R. M. K. Saunders & K. Fowler

别名红苹，槐叶蘋科满江红属，漂浮植物。植物体呈卵形或三角状，根状茎细长横走，侧枝腋生，假二歧分枝，向下生须根。叶小如芝麻，互生，无柄，覆瓦状排列成两行，叶片深裂分为背裂片和腹裂片，背裂片长圆形或卵形，肉质，绿色，在秋后常变为紫红色。孢子果双生于分枝处，大孢子果体积小、长卵形，小孢子果体积较大、圆球形或桃形。广泛分布于长江流域，通常生长在水田、沟塘或湖泊等水流不畅的水体中，在武汉市城市湖泊中偶见。

图 3-2 满江红

槐叶蘋 *Salvinia natans*(L.) All.

别名槐叶，槐叶蘋科槐叶蘋属，小型漂浮植物。茎细长，横走，3 叶轮生，下面一叶悬垂于水中，上面两叶漂浮于水面，形如槐树叶，长圆形或椭圆形，长 0.8 ～ 1.4 cm，宽 5 ～ 8 mm。叶草质，上面深绿色，下面密被棕色茸毛。孢子果 4 ～ 8 个簇生于沉水叶的基部，小孢子果表面淡黄色，大孢子果表面淡棕色。广泛分布于长江流域和华北、东北及新疆，通常生长在水田、沟塘或浅水湖泊等水流不畅的水体中，在武汉市城市湖泊中偶见。

图 3-3 槐叶蘋

3.2.3　桔梗科

图 3-4　半边莲

半边莲 *Lobelia chinensis* Lour.

别名瓜仁草、细米草，桔梗科半边莲属，多年生草本。茎、叶、花梗、小苞片、花萼均无毛。茎匍匐，节上生根，分枝直立，株高 15 cm。叶互生，椭圆状披针形或线形。花通常为 1 朵，生于分枝的上部叶腋。蒴果倒锥状，长约 6 mm。种子椭圆状，稍扁压，近肉色。花果期 5—10 月。广泛分布于长江中下游及以南各省（区、市），通常生长在水田、沟塘或浅水湖泊等水体岸边的潮湿草地中，在武汉市城市湖泊的自然岸边偶见。

3.2.4　三白草科

图 3-5　蕺菜

蕺菜 *Houttuynia cordata* Thunb.

别名鱼腥草，三白草科蕺菜属，多年生草本，高 30 ～ 60 cm。茎下部伏地，节上轮生小根。叶薄纸质，有腺点，卵形或阔卵形，背面常呈紫红色；叶脉 5 ～ 7 条，全部基出或最内一对离基约 5 mm 从中脉发出。花序长约 2 cm，宽 5 ～ 6 mm。蒴果长 2 ～ 3 mm，顶端有宿存的花柱。花期 4—7 月。广泛分布于我国中部、东南至西南部各省（区、市），通常生长在沟塘边、浅水湖泊岸边或林下等潮湿区域，在武汉市城市湖泊的自然岸边少见。

3.2.5　蓼科

图 3-6　红蓼

红蓼 *Persicaria orientalis* (L.) Spach

别名水红花子，蓼科蓼属，一年生草本，茎直立，高 1 ～ 2 m。叶宽卵形、宽椭圆形或卵状披针形；托叶鞘筒状，膜质，长 1 ～ 2 cm。总状花序呈穗状，顶生或腋生，长 3 ～ 7 cm，花紧密。瘦果近圆形，双凹，直径长 3 ～ 3.5 mm，黑褐色，有光泽，包于宿存花被内。花期 6—9 月，果期 8—10 月。除西藏外，广泛分布于全国各地，通常生长在沟塘边、浅水湖泊岸边等潮湿区域，在武汉市城市湖泊的自然岸边常见。

酸模叶蓼 *Persicaria lapathifolia* (L.) Delarbre

别名大马蓼，蓼科蓼属，一年生草本，高 40 ～ 90 cm。茎直立，无毛，具分枝，节部膨大。叶披针形或宽披针形，长 5 ～ 15 cm，顶端渐尖或急尖，基部楔形。总状花序呈穗状，顶生或腋生，近直立，花紧密；常由数个花穗再组成圆锥状，花序梗被腺体；苞片漏斗状，边缘具稀疏短缘毛；花被淡红色或白色。瘦果宽卵形，黑褐色。花期 6—8 月，果期 7—9 月。广泛分布于全国各地，通常生长在农田、沟塘边、浅水湖泊岸边等潮湿区域，在武汉市城市湖泊的自然岸边常见。

图 3-7 酸模叶蓼

水蓼 *Persicaria hydropiper* (L.) Spach

别名辣蓼，蓼科蓼属，一年生直立草本植物，高 30 ～ 70 cm。茎直立，多分枝，无毛。叶披针形或椭圆状披针形，先端渐尖，基部楔形，具辛辣叶。穗状花序下垂，顶生或腋生，长 3 ～ 8 cm，花稀疏；花被 5 深裂，稀 4 裂，绿色，上部白色或淡红色，被黄褐色透明腺点，花被片椭圆形，长 3 ～ 3.5 mm；雄蕊较花被短，花柱 2 ～ 3 枚。瘦果卵形，扁平。花期 5—9 月，果期 6—10 月。广泛分布于全国各地，通常生长在沟塘边、浅水湖泊岸边等潮湿区域，在武汉市城市湖泊的自然岸边常见。

图 3-8 水蓼

酸模 *Rumex acetosa* L.

别名酸溜溜，蓼科酸模属，多年生草本，高 40 ～ 100 cm。须根，茎直立，具深沟槽，通常不分枝。基生叶和茎下部叶箭形，顶端急尖或圆钝，基部裂片急尖；叶柄长 2 ～ 10 cm。花序狭圆锥状，顶生；花单性，雌雄异株。瘦果椭圆形，长约 2 mm，黑褐色，有光泽。花期 5—7 月，果期 6—8 月。除西藏、青海等区域外，广泛分布于全国其他各地，通常生长在沟塘边、浅水湖泊岸边等潮湿区域，在武汉市城市湖泊的自然岸边常见。

图 3-9 酸模

图3-10　皱叶酸模

皱叶酸模 *Rumex crispus* L.

别名土大黄，蓼科酸模属，多年生草本，高50～120 cm。根粗壮，黄褐色。茎直立，不分枝或上部分枝，具浅沟槽。基生叶披针形或狭披针形，顶端急尖，基部楔形，边缘皱波状；叶柄长3～10 cm，托叶鞘膜质。花序狭圆锥状，瘦果卵形，顶端急尖，具3枚锐棱，暗褐色。花期5—6月，果期6—7月。除西藏外，广泛分布于全国各地，通常生长在沟塘边、浅水湖泊岸边等潮湿区域，在武汉市城市湖泊的自然岸边常见。

3.2.6　苋科

图3-11　空心莲子草

空心莲子草 *Alternanthera philoxeroides* (Mart.) Griseb.

别名喜旱莲子草、水花生，苋科莲子草属，多年生草本。茎基部匍匐，管状，长55～120 cm，具分枝。叶片矩圆形、矩圆状倒卵形或倒卵状披针形，顶端急尖或圆钝，具短尖；叶柄长3～10 mm，无毛或微有柔毛。花密生，花被片矩圆形，白色、光亮、无毛。果实未见。花期5—10月。原产于巴西，我国引种于北京、江苏、浙江、江西、湖南、福建，后逸为野生，通常生长在沟塘边、浅水湖泊岸边等潮湿区域，在武汉市城市湖泊的自然岸边常见。

3.2.7　莲科

图3-12　莲

莲 *Nelumbo nucifera* Gaertn.

别名荷花、菡萏、芙蓉，莲科莲属，多年生挺水草本。根状茎横生，肥厚，节间膨大，内有多数纵行通气孔道。叶圆形，盾状，全缘稍呈波状；叶柄粗壮，圆柱形，长1～2 m，中空，外面散生小刺。花直径10～20 cm，花瓣红色、粉红色或白色，矩圆状椭圆形至倒卵形。坚果椭圆形或卵形。果皮青色革质，熟时黑褐色。花期6—8月，果期8—10月。广泛分布于全国各地，通常生长在沟塘、浅水湖泊等区域，在武汉市城市湖泊中常见。

3.2.8 睡莲科

芡 *Euryale ferox* Salisb. ex K. D. Koenig & Sims

别名假莲藕、芡实，睡莲科芡属，多刺，一年生大型水生草本。沉水叶箭形或椭圆肾形，长 4 ～ 10 cm，两面无刺；浮水叶革质，椭圆肾形至圆形，直径 10 ～ 130 cm，两面在叶脉分枝处有锐刺，上面多皱折，下面紫色；叶柄及花梗粗壮，皆有硬刺。花单生在花梗顶端，部分露于水面；花瓣矩圆披针形，紫红色。种子球形，黑色。花期 7—8 月，果期 8—9 月。广泛分布于全国各地，通常生长在沟塘、浅水湖泊等区域，在武汉市城市湖泊中少见。

图 3-13 芡

萍蓬草 *Nuphar pumila* (Timm) DC.

别名黄金莲，睡莲科萍蓬草属，多年水生草本。根状茎直径 2 ～ 3 cm。叶生于根茎顶端，浮水叶纸质，圆形或心状卵形，长 4.5 ～ 6.5 cm，基部弯缺约占全叶的 1/3，上面光亮、无毛，下面微被柔毛；沉水叶薄膜质，无毛；叶柄长 20 ～ 50 cm，有柔毛。花径 3 ～ 4 cm，萼片 5 枚，黄色，花瓣状；柱头盘常具 10 个浅裂，淡黄色或带红色。种子长圆形，褐色。花期 5—7 月，果期 7—9 月。广泛分布于全国各地，通常生长在沟塘、浅水湖泊等区域，在武汉市城市湖泊中少见。

图 3-14 萍蓬草

睡莲 *Nymphaea tetragona* Georgi

睡莲科睡莲属，多年生水生花卉。叶二型，浮水叶圆形或卵形，沉水叶薄膜质，脆弱。花大型，美丽，浮在或高出水面，花瓣白粉红色或玫瑰红色，多轮。花瓣 20 ～ 25 枚，卵状矩圆形，长 3 ～ 5.5 cm，外轮比萼片稍长；花托圆柱形；花药先端不延长，花粉粒皱缩，具乳突；柱头具 14 ～ 20 条辐射线，扁平。浆果扁平至半球形，长 2.5 ～ 3 cm。种子椭圆形，长 2 ～ 3 cm。花期 6—8 月，果期 8—10 月。原产于瑞典，现广泛分布于全国各地，通常生长在沟塘、浅水湖泊等区域，在武汉市城市湖泊中常见。

图 3-15 睡莲

3.2.9　莼菜科

图 3-16　水盾草

水盾草 *Cabomba caroliniana* A. Gray

别名竹节水松，莼菜科水盾草属，多年生沉水植物。茎长可达 5 m。叶二型，沉水叶具叶柄，对生，扇形，二叉分裂，裂片线形；浮水叶在花枝上互生，叶狭椭圆形，盾状着生。花单生于枝上部叶腋，小，白、黄、稀紫色，基部黄色，花瓣 6 枚。果实革质，不开裂。折断式或断裂式繁殖。任一带有一对开展叶片的节都能长成一个个体。原产于南美洲，我国早在 1993 年浙江省鄞县首次发现，通常生长在沟塘、浅水湖泊等水体，在武汉市城市湖泊中少见。

3.2.10　金鱼藻科

图 3-17　金鱼藻

金鱼藻 *Ceratophyllum demersum* L.

别名灯笼丝，金鱼藻科金鱼藻属，多年生沉水植物，全株绿色。茎长 40 ～ 150 cm，具分枝。叶 4 ～ 12 轮生，1 ～ 2 次二叉状分歧，裂片丝状。花直径约 2 mm，浅绿色，透明。坚果宽椭圆形，黑色，平滑，边缘无翅。花期 6—7 月，果期 8—10 月。在全国广泛分布，通常生长在沟塘、浅水湖泊等水体，在武汉市城市湖泊中常见。

3.2.11　毛茛科

图 3-18　田野毛茛

田野毛茛 *Ranunculus arvensis* L.

毛茛科毛茛属，一年生草本。茎直立，高约 30 cm。基生叶的叶片菱形，浅裂，长 2 ～ 3 cm，宽约 1.5 cm，顶端有疏齿，叶柄长约 2 cm，基部有宽鞘抱茎。茎生叶多数，叶片三角形，长及宽 3 ～ 5 cm，小叶柄长 1 ～ 2 cm，末回裂片长圆形至披针形，宽 2 ～ 4 mm，全缘或有齿，顶端尖，疏生细毛；叶柄长 1 ～ 3 cm，向上变短；上部叶无柄，叶片小裂片线形，全缘，宽 1 ～ 2 mm。花对生，花托被微柔毛，花瓣 5 枚，倒卵形。聚合果近球形。花果期 4—6 月。 欧洲和亚洲西部共同发源，湖北有逸生，通常生长在路边砂石地，在武汉市城市湖泊岸带少见。

禺毛茛 *Ranunculus cantoniensis* DC.

图 3-19 禺毛茛

毛茛科毛茛属，多年生草本。须根伸长簇生。茎直立，高 25 ～ 80 cm，上部有分枝，与叶柄均密生开展的黄白色糙毛。叶为三出复叶，基生叶和下部叶有长达 15 cm 的叶柄；叶片宽卵形至肾圆形，长 3 ～ 6 cm；小叶卵形至宽卵形，边缘密生锯齿，顶端稍尖，两面贴生糙毛；花序有较多花，疏生；花直径 1 ～ 1.2 cm，生茎顶和分枝顶端，花瓣 5 枚，椭圆形，长 5 ～ 6 mm。瘦果扁平，无毛，边缘有宽约 0.3 mm 的棱翼，喙基部宽扁，顶端弯钩状。花果期 4—7 月。在全国广泛分布，通常生长在沟塘、浅水湖泊等水体沿岸湿地，在武汉市城市湖泊岸带常见。

茴茴蒜 *Ranunculus chinensis* Bunge

图 3-20 茴茴蒜

毛茛科毛茛属，一年生草本，高 20 ～ 70 cm，须根多数簇生。茎直立粗壮，中空，有纵条纹，分枝多，与叶柄均密生开展的淡黄色糙毛。基生叶数枚，为三出复叶，小叶具柄，顶生小叶菱形或宽菱形，具 3 深裂，裂片菱状楔形，疏生齿，侧生小叶斜扇形，具不等 2 深裂，两面被糙伏毛。花序顶生，3 朵至数朵花；花瓣 5 枚，倒卵形，与萼片近等长或稍长，黄色或上面白色。瘦果扁，斜倒卵圆形。花果期 5—9 月。在全国广泛分布，通常生长在沟塘、浅水湖泊等水体沿岸湿地，在武汉市城市湖泊岸带常见。

毛茛 *Ranunculus japonicus* Thunb.

图 3-21 毛茛

毛茛科毛茛属，多年生草本，高 30 ～ 70 cm。茎直立，中空，有槽，具分枝，生开展或贴伏的柔毛。叶片圆心形或五角形，长及宽为 3 ～ 10 cm，基部心形或截形，通常 3 深裂不达基部，中裂片倒卵状楔形，边缘有粗齿或缺刻。聚伞花序有多数花，疏散；花直径 1.5 ～ 3.2 cm；花梗长达 8 cm，贴生柔毛；萼片椭圆形，生白柔毛；花瓣 5 枚，倒卵状圆形。聚合果近球形，瘦果扁平。花果期 4—9 月。除西藏外，在全国广泛分布，通常生长在沟塘、浅水湖泊等水体沿岸湿地，在武汉市城市湖泊岸带常见。

图 3-22　石龙芮

石龙芮 *Ranunculus sceleratus* L.

毛茛科毛茛属，一年生草本，高 10 ～ 50 cm。须根簇生。茎直立，多分枝，具多数节，下部节上有时生根，无毛或疏生柔毛。基生叶多数；叶片肾状圆形，长 1 ～ 4 cm，基部心形，3 深裂不达基部，裂片倒卵状楔形，具不等的 2 ～ 3 裂，顶端钝圆，有粗圆齿，无毛。聚伞花序有多数花；花小，直径 4 ～ 8 mm；花梗长 1 ～ 2 cm，无毛；花瓣 5 枚，倒卵形。聚合果长圆形；瘦果极多，紧密排列，倒卵球形。花果期 5—8 月。在全国广泛分布，通常生长在沟塘、浅水湖泊等水体沿岸湿地，在武汉市城市湖泊岸带常见。

图 3-23　扬子毛茛

扬子毛茛 *Ranunculus sieboldii* Miq.

别名辣子草、地胡椒，毛茛科毛茛属，多年生草本。须根伸长簇生，高 20 ～ 50 cm。茎铺散，斜升，分枝。基生叶与茎生叶相似，为三出复叶；叶片圆肾形至宽卵形，基部心形，中央小叶宽卵形或菱状卵形，具 3 浅裂至较深裂，边缘有锯齿。花与叶对生；花瓣 5 枚，黄色或上面变白色，狭倒卵形至椭圆形。聚合果圆球形。花果期 5—10 月。在长江以南省份广泛分布，通常生长在沟塘、浅水湖泊等水体沿岸湿地，在武汉市城市湖泊岸带常见。

图 3-24　天葵

天葵 *Semiaquilegia adoxoides* (DC.) Makino

别名麦无踪、千年老鼠屎、紫背天葵，毛茛科天葵属。多年生小草本，多块茎微黑棕色。茎高 10 ～ 32 cm，疏生，白色，有毛。基生叶多数，为掌状三出复叶，具鞘；叶片卵形，无毛；小叶扇状菱形，具 3 深裂，两面均无毛。花小，直径 4 ～ 6 mm；苞片小，倒披针形至倒卵圆形；花梗纤细，具平展的白色短柔毛；萼片白色，常带淡紫色，狭椭圆形；花瓣匙形。种子卵球形椭圆体，褐色至黑褐色，长约 1 mm，表面有许多小瘤状突起。花期 3—4 月，果期 4—5 月。在武汉市城市湖泊岸带偶见。

水毛茛 *Ranunculus bungei* Steud.

毛茛科水毛茛属，多年生沉水草本。茎长 30 cm 以上，无毛或在节上有疏毛。叶片轮廓近半圆形或扇状半圆形，直径为 2.5 ～ 4 cm；叶柄长 0.7 ～ 2 cm，基部有宽或狭鞘，通常多少有短伏毛，偶尔只有鞘状部分。花直径 1 ～ 2 cm，花瓣白色，基部黄色，倒卵形，长 5 ～ 9 mm；花托有毛。聚合果卵球形，直径约 3.5 mm；瘦果斜狭倒卵形，长 1.2 ～ 2 mm，有横皱纹。花期 5—8 月。在长江及以南省份广泛分布，通常生长在山谷溪流、河滩积水地、平原湖中或水塘中，在武汉市城市湖泊岸带少见。

图 3-25 水毛茛

3.2.12 十字花科

弯曲碎米荠 *Cardamine flexuosa* With.

别名高山碎米荠，十字花科碎米荠属，一年或二年生草本，高达 30 cm。茎自基部多分枝，斜升呈铺散状，表面疏生柔毛。基生叶有叶柄，小叶 3 ～ 7 对，顶生小叶卵形、倒卵形或长圆形，羽状复叶；基生叶有柄，叶柄常无缘毛，顶生小叶菱状卵形或倒卵形，先端不裂或具 1 ～ 3 裂；茎生叶具小叶 2 ～ 5 对，倒卵形或窄倒卵形，具 1 ～ 3 裂或全缘。花小，花梗纤细；花瓣白色，倒卵状楔形。种子长圆形而扁，黄绿色。花期 3—5 月，果期 4—6 月。在全国各地均有分布，通常生长在田边、路旁及草地，在武汉市城市湖泊岸带常见。

图 3-26 弯曲碎米荠

独行菜 *Lepidium apetalum* Willd.

别名辣辣菜，十字花科独行菜属。一年或二年生草本，高 5 ～ 30 cm。茎直立，有分枝，无毛或具微小头状毛。基生叶窄匙形，具一回羽状浅裂或深裂，长 3 ～ 5 cm。总状花序在果期可延长至 5 cm；萼片早落，卵形，长约 0.8 mm，外面有柔毛。茎上部叶线形，有疏齿或全缘。花瓣不存或退化成丝状。短角果近圆形或宽椭圆形，扁平；果梗弧形，种子椭圆形，棕红色。花果期 5—7 月。在全国各地均有分布，通常生长在田边、路旁及草地，在武汉市城市湖泊岸带常见。

图 3-27 独行菜

图 3-28　豆瓣菜

豆瓣菜 *Nasturtium officinale* R. Br. ex W. T. Aiton

别名西洋菜、水田芥、水蔊菜，十字花科豆瓣菜属。多年生水生草本，高 20 ～ 40 cm。全株光滑无毛，茎匍匐或浮水生，多分枝，节上生不定根。单数羽状复叶，小叶片 3 ～ 9 枚，宽卵形；顶端一片较大，长 2 ～ 3 cm，钝头或微凹，近全缘或呈浅波状，基部截平，小叶柄细而扁，侧生小叶与顶生的相似，基部不等称，叶柄基部成耳状，略抱茎。总状花序顶生，花多数；花瓣白色，倒卵形，具脉纹。长角果圆柱形而扁，种子每室 2 行，卵形。花期 4—5 月，果期 6—7 月。在全国各地均有分布，通常生长在水中、水沟边、山涧河边、沼泽地或水田中，在武汉市城市湖泊岸带常见。

图 3-29　垂盆草

3.2.13　景天科

垂盆草 *Sedum sarmentosum* Bunge

别名三叶佛甲草，景天科景天属，多年生草本。不育枝及花茎细，匍匐而节上生根，长 10 ～ 25 cm。3 叶轮生，叶倒披针形至长圆形，长 15 ～ 28 mm，先端近急尖，基部急狭，有距。聚伞花序顶生，有 3 ～ 5 分枝，花少，宽 5 ～ 6 cm，无梗；花瓣 5 枚，黄色，披针形至长圆形，长 5 ～ 8 mm，先端有稍长的短尖。种子卵形。花期 5—7 月，果期 8 月。在全国各地均有分布，通常生长在田边、路旁及草地等潮湿区域，在武汉市城市湖泊岸带偶见。

图 3-30　酢浆草

3.2.14　酢浆草科

酢浆草 *Oxalis corniculata* L.

别名酸味草，酢浆草科酢浆草属，草本，高 10 ～ 35 cm。根茎稍肥厚，茎细弱，多分枝，直立或匍匐。叶基生，茎生叶互生，小叶 3 枚，倒心形，先端凹下。花单生或数朵集为伞形花序状，腋生，总花梗淡红色；花瓣 5 枚，黄色，长圆状倒卵形。蒴果长圆柱形。种子长卵形。花果期 2—9 月。在全国各地均有分布，通常生长在山坡草池、河谷沿岸、路边、田边、荒地或林下阴湿处等，在武汉市城市湖泊岸带常见。

紫叶酢浆草 *Oxalis triangularis* 'mijke'

酢浆草科酢浆草属，多年生草本，高 5 ～ 12 cm。具块状根茎。叶丛生，具 3 枚小叶，叶片紫红色，阔倒三角形。伞形花序，花冠 5 裂，淡紫色。蒴果长圆锥状。种子卵球形。花果期 5—6 月。在全国各地均有分布，通常生长在阴湿处等，多为园林栽培，在武汉市城市湖泊岸带偶见。

图 3-31 紫叶酢浆草

山酢浆草 *Oxalis acetosella* Edgew. & Hook. f.

别名截叶酢浆草、三角酢浆草，酢浆草科酢浆草属，多年生草本，高 8 ～ 10 cm。根纤细；根茎横生，节间具 1 ～ 2 mm 长的褐色或白色小鳞片和细弱的不定根。叶基生；托叶阔卵形，被柔毛或无毛，与叶柄茎部合生；叶柄长 3 ～ 15 cm，近基部具关节；小叶 3 枚，倒心形，长 5 ～ 20 mm。总花梗基生，单花，与叶柄近等长或更长；花瓣 5 枚，白色或稀粉红色，倒心形，长为萼片的 1 ～ 2 倍，先端凹陷，基部狭楔形，具白色或带紫红色脉纹。蒴果卵球形，长 3 ～ 4 mm。种子卵形，褐色或红棕色，具纵肋。花期 7—8 月，果期 8—9 月。在全国各地均有分布，通常生长在阴湿处等，在武汉市城市湖泊岸带偶见。

图 3-32 山酢浆草

3.2.15 牻牛儿苗科

野老鹳草 *Geranium carolinianum* L.

牻牛儿苗科老鹳草属，一年生草本，高 20 ～ 60 cm。根纤细，茎直立或仰卧，具棱角。基生叶早枯，茎生叶互生或最上部对生；茎下部叶具长柄，叶片圆肾形，长 2 ～ 3 cm。花序腋生和顶生，长于叶，被倒生短柔毛和开展的长腺毛，每总花梗具 2 朵花，顶生总花梗常数个集生，花序呈伞形状；花瓣淡紫红色，倒卵形。蒴果长约 2 cm，被短糙毛。花期 4—7 月，果期 5—9 月。在全国各地均有分布，通常生长在山荒坡杂草丛中，在武汉市城市湖泊岸带常见。

图 3-33 野老鹳草

3.2.16　千屈菜科

图 3-34　千屈菜

千屈菜 *Lythrum salicaria* L.

别名水柳，千屈菜科千屈菜属，多年生草本，高 30 ～ 100 cm。根茎横卧于地下，粗壮；茎直立，多分枝，全株青绿色，略被粗毛或密被绒毛，枝通常具 4 棱。叶对生或 3 叶轮生，披针形，长 4 ～ 6 cm，顶端钝形或短尖，基部圆形或心形。聚伞花序，簇生，花梗极短，花枝全形似一大型穗状花序；花瓣 6 枚，红紫色或淡紫色，倒披针状长椭圆形，基部楔形，长 7 ～ 8 mm。蒴果扁圆形。花期 7—9 月，果期 10 月。在全国各地均有分布，通常生长在河岸、湖畔、溪沟边和潮湿草地，在武汉市城市湖泊岸带常见。

图 3-35　圆叶节节菜

圆叶节节菜 *Rotala rotundifolia* (Buch.-Ham. ex Roxb.) Koehne

别名假桑子、禾虾菜、水酸草，千屈菜科节节菜属，一年生草本，各部无毛。根茎细长，匍匐地上；茎单一或稍分枝，直立，丛生，高 5 ～ 30 cm，带紫红色。叶对生，近圆形、阔倒卵形或阔椭圆形，长 5 ～ 10 mm，顶端圆形，基部钝形，或无柄时近心形。花单生于苞片内，组成顶生稠密的穗状花序；花极小，长约 2 mm，花瓣 4 枚，倒卵形，淡紫红色。蒴果椭圆形，3 ～ 4 瓣裂。花果期 12 月—次年 6 月。在长江流域以南地区均有分布，通常生长在水田、河岸或潮湿的地方，在武汉市城市湖泊自然岸带常见。

图 3-36　细果野菱

细果野菱 *Trapa incisa* Siebold & Zucc.

别名四角马氏菱、小果菱，千屈菜科菱属，一年生浮水水生草本。根二型，着泥根细铁丝状；同化根羽状细裂，淡绿褐色或深绿褐色。叶二型，浮水叶互生，聚生在主茎和分枝茎顶，在水面形成莲座状菱盘，三角状菱形，表面深亮绿色，背面绿色；沉水叶小，早落。花瓣 4 枚，白色或带微紫红色。果三角形，具刺。花期 5—10 月，果期 7—11 月。分布于河南、江苏、安徽、湖北、湖南、江西、四川、云南等省份，通常生长在池塘、河流、湖泊，在武汉市城市湖泊中常见。

欧菱 *Trapa natans* L.

图 3-37　欧菱

别名浮菱、菱、乌菱、格菱，千屈菜科菱属，一年生浮水植物。着泥根细铁丝状，生于水底泥中；同化根羽状细裂，丝状，绿褐色。茎柔弱，分枝。浮水叶互生，聚生于主茎和分枝茎顶端，莲座状菱盘，三角状菱圆形，叶边缘中上部具齿状缺刻，叶柄中上部膨大成海绵质气囊或不膨大，疏被淡褐色短毛；沉水叶小，早落。花小，单生于叶腋，两性，花瓣 4 枚，白色。雄果三角状菱形，具 4 刺角，2 肩角斜上伸，2 腰角向下伸，刺角扁锥状。花期 7—9 月，果期 8—11 月。广泛分布于全国，通常生长在池塘、河流、湖泊，在武汉市城市湖泊中常见。

3.2.17　柳叶菜科

黄花水龙 *Ludwigia peploides* subsp. *stipulacea* (Ohwi) Raven

图 3-38　黄花水龙

柳叶菜科丁香蓼属，多年生浮水或上升草本。浮水茎节上常生圆柱状浮器，长达 3 m，直立茎高达 60 cm，无毛，具多数须状根。叶长圆形，先端常锐尖或渐尖。花单生于上部叶腋；花瓣鲜金黄色，倒卵形。蒴果具 10 条纵棱；种子每室单列纵向排列，椭圆状。花期 6—8 月，果期 8—10 月。主要分布于浙江、福建与广东东部，通常生长在河流、池塘和湖泊水体，在武汉市城市湖泊中偶见。

丁香蓼 *Ludwigia prostrata* Roxb.

图 3-39　丁香蓼

柳叶菜科丁香蓼属，一年生直立草本。茎高 25 ～ 60 cm，下部圆柱状，上部四棱形，常淡红色，近无毛，多分枝。叶狭椭圆形，长 3 ～ 9 cm，先端锐尖或稍钝，基部狭楔形，在下部骤变窄。花瓣黄色，长 1.2 ～ 2 mm，先端近圆形，基部楔形，雄蕊 4 枚；柱头近卵状或球状，径约 0.6 mm。蒴果四棱形，淡褐色。花期 6—7 月，果期 8—9 月。主要分布于海南、广西与云南南部，通常生长在稻田、河滩、溪谷旁湿处，在武汉市城市湖泊中偶见。

3.2.18　小二仙草科

图 3-40　粉绿狐尾藻

粉绿狐尾藻 *Myriophyllum aquaticum* (Vell.) Verdc.

别名大聚藻，小二仙草科狐尾藻属，多年生沉水或挺水草本。株高 50 ～ 80 cm，雌雄异株。茎直立。叶二型，沉水叶羽状复叶轮生，每轮 4 ～ 7 枚，长 10 ～ 18 mm，小叶线形，黄绿色；挺水叶羽状复叶轮生，每轮 6 枚，小叶线形，深绿色。穗状花序；花细小，直径约 2 mm，白色；子房下位。分果。花期 7—8 月。产于南美洲，后逸出，广泛分布于全国，通常生长在河流、池塘和湖泊水体，在武汉市城市湖泊中常见。

图 3-41　穗状狐尾藻

穗状狐尾藻 *Myriophyllum spicatum* L.

别名泥茜，小二仙草科狐尾藻属，多年生沉水草本。根状茎发达，在水底泥中蔓延，节部生根；茎圆柱形，长 1 ～ 2.5 m，分枝极多。叶轮生，多为 5 叶轮生，叶片丝状全细裂，叶的裂片约 13 对。花两性，雌雄同株，常 4 朵轮生，单生于苞片状叶腋内，花瓣缺，或不明显。分果广卵形或卵状椭圆形。从春到秋陆续开花，4—9 月陆续结果。广泛分布于全国，通常生长在池塘、河流、湖泊，在武汉市城市湖泊中常见。

3.2.19　五加科

图 3-42　天胡荽

天胡荽 *Hydrocotyle sibthorpioides* Lam.

别名满天星，五加科天胡荽属，多年生草本。根茎细长而匍匐，节生根。叶圆形或肾圆形，基部心形，裂片阔倒卵形；叶柄长 0.7 ～ 9 cm。伞形花序与叶对生，单生于节上；花无柄或有极短的柄，花瓣卵形；花丝与花瓣等长或稍长；花柱长约 1 mm。花果期 4—9 月。在全国多有分布，通常生长在湿润的草地、河沟边、林下，在武汉市城市湖泊岸带常见。

南美天胡荽 *Hydrocotyle verticillata* Thunb.

别名香菇草，五加科天胡荽属，多年生草本。茎蔓性，株高 5 ～ 15 cm，节上常生根。叶互生，盾状着生，具长柄，圆盾形，直径 2 ～ 4 cm，边缘波状，绿色，光亮。伞形花序，花小，白色。花期 6—8 月。原产于欧洲、北美、非洲，后逸出，广泛分布于全国，通常生长在湿润的草地、河沟边、林下，在武汉市城市湖泊岸带常见。

图 3-43　南美天胡荽

3.2.20　伞形科

水芹 *Oenanthe javanica* (Blume) DC.

别名野芹菜，伞形科水芹属，多年生草本，高 15 ～ 80 cm。茎直立或基部匍匐，基生叶有柄，柄长达 10 cm，叶片三角形，裂片卵形至菱状披针形，边缘有齿。复伞形花序顶生，花序梗长 2 ～ 16 cm，小伞形花序有花 20 余朵，花瓣白色倒卵形，长 1 mm，宽 0.7 mm，有一内折小舌片。花柱基圆锥形，花柱直立或分开，长 2 mm。果实近于四角状椭圆形或筒状长圆形，长 2.5 ～ 3 mm，宽 2 mm。花期 6—7 月，果期 8—9 月。在武汉市城市湖泊岸带常见。

图 3-44　水芹

3.2.21　睡菜科

荇菜 *Nymphoides peltata* (S. G. Gmel.) Kuntze

别名凫葵、水荷叶，睡菜科荇菜属，多年生水生草本。茎圆柱形，多分枝，有褐色斑点，节下生根。叶对生或互生，飘浮，近革质，圆或卵圆形，直径 1.5 ～ 8 cm，基部心形全缘，下面紫褐色，密生腺体，叶柄圆柱形。花多数，簇生节上，花冠金黄色，喉部具 5 束长柔毛，裂片宽倒卵形。蒴果无柄，椭圆形，种子大，褐色。花果期 4—10 月。在全国多有分布，喜充足光照，适合生长在多腐殖质、微酸性至中性底泥和富营养的水域中，在武汉市城市湖泊中常见。

图 3-45　荇菜

3.2.22　通泉草科

图 3-46　匍茎通泉草

匍茎通泉草 *Mazus miquelii* Makino

通泉草科通泉草属，多年生草本。根常无毛。直立茎高达 15 cm；匍匐茎花期发出，长达 15 ～ 20 cm。叶多对生，卵形或近圆形，具短柄；基生叶莲座状，茎生叶在直立茎上多互生，在匍匐茎上多对生，卵形或近圆形，有长柄，连柄长 3 ～ 7 cm，边缘具粗锯齿，有时近基部缺刻状羽裂。总状花序顶生；花序下部花梗长达 2 cm；花冠紫色或白色有紫斑，倒卵状圆形。蒴果球形，稍伸出萼筒。花果期 2—8 月。在全国多有分布，通常生长在潮湿的路旁、荒林及疏林中，在武汉市城市湖泊岸带偶见。

图 3-47　通泉草

通泉草 *Mazus pumilus* (Burm. f.) Steenis

通泉草科通泉草属，一年生草本，高 3 ～ 30 cm。茎 1 ～ 5 枝或更多，直立，分枝多而披散，少不分枝。基生叶有时成莲座状或早落，倒卵状匙形至卵状倒披针形，长 2 ～ 6 cm；茎生叶对生或互生，少数，与基生叶相似。总状花序生于茎、枝顶端，通常有 3 ～ 20 朵，花稀疏，萼钟状；花冠白色、紫色或蓝色，上唇裂片卵状三角形，下唇中裂片较小，倒卵圆形。蒴果球形。花果期 4—10 月。在全国多有分布，通常生长在潮湿的草坡、沟边等处，在武汉市城市湖泊岸带偶见。

3.2.23　狸藻科

图 3-48　黄花狸藻

黄花狸藻 *Utricularia aurea* Lour.

别名金鱼茜，狸藻科狸藻属，水生草本。匍匐枝圆柱形，具分枝。叶器多数，具细刚毛；捕虫囊通常多数，侧生于叶器裂片上。花序直立，花序梗无鳞片；苞片基部着生；花冠黄色，喉部有时具橙红色条纹，外面无毛或疏生短柔毛；距近筒状，花丝线形，上部扩大，药室汇合；子房球形。蒴果顶端具喙状宿存花柱，周裂。花期 6—11 月，果期 7—12 月。在全国多有分布，通常生长在湖泊、池塘和稻田中，在武汉市城市湖泊中少见。

3.2.24 爵床科

水蓑衣 *Hygrophila ringens* (L.) R. Brown ex Spreng.

爵床科水蓑衣属，草本植物，高 30 ~ 80 cm。茎四棱形。叶长椭圆形、披针形或线形，长 4 ~ 8 cm，宽 8 ~ 15 mm，侧脉不明显；近无柄。花簇生于叶腋，无梗；花冠筒稍长于裂片；后雄蕊的花药比前雄蕊的小一半。蒴果比宿存萼长 1/4 ~ 1/3，干时呈淡褐色，无毛。花期冬季。在全国多有分布，通常生长在潮湿的路旁、荒林及疏林中，在武汉市城市湖泊岸带少见。

图 3-49 水蓑衣

3.2.25 透骨草科

透骨草 *Phryma leptostachya* subsp. *asiatica* (Hara) Kitam.

透骨草科透骨草属，多年生草本。茎直立，四棱形。叶对生；叶片卵状长圆形，草质；侧脉每侧 4 ~ 6 条；叶柄长被短柔毛。花丝狭线形，长 1.5 ~ 1.8 mm；花药肾状圆形；雌蕊无毛；子房斜长圆状披针形。瘦果狭椭圆形，包藏于棒状宿存花萼内，反折并贴近花序轴。种子 1 枚，基生，种皮薄膜质，与果皮合生。花期 6—10 月，果期 8—12 月。在全国多有分布，通常生长在潮湿的路旁、荒林及疏林中，在武汉市城市湖泊岸带少见。

图 3-50 透骨草

3.2.26 菊科

微糙三脉紫菀 *Aster ageratoides* var. *scaberulus* (Miq.) Y. Ling

菊科紫菀属，多年生草本。叶通常卵圆形或卵圆披针形，下部渐狭成具狭翅或无翅的短柄，质较厚，有明显的腺点，且沿脉常有长柔毛，或下面后脱毛。总苞较大，径 6 ~ 10 mm，长 5 ~ 7 mm；总苞片上部绿色；舌状花白色或带红色。花果期 7—12 月。在全国多有分布，通常生长在林下、林缘、灌丛及山谷湿地，在武汉市城市湖泊岸带常见。

图 3-51 微糙三脉紫菀

图 3-52　毡毛马兰

毡毛马兰 *Aster shimadae* (Kitam.) Nemoto

别名岛田鸡儿肠，菊科紫菀属，多年生草本。茎密被粗毛，多分枝。叶倒卵形至条形；叶较厚，两面密被毡状毛。头状花序单生于枝端，排成伞房状；总苞半球形，直径 0.8 ～ 1 cm，背面被密毛，有缘毛。舌状花 1 层，管部有毛；舌片浅紫色，长 1.1 ～ 1.2 cm；管状花长 4 ～ 4.5 mm，有毛。瘦果倒卵圆形，极扁，长 2.5 ～ 2.7 mm，熟时灰褐色，边缘有肋，被贴毛；冠毛膜片状，锈褐色，不脱落。花果期 7—12 月。在全国多有分布，通常生长在林缘、草坡、溪岸，在武汉市城市湖泊岸带常见。

图 3-53　鬼针草

鬼针草 *Bidens pilosa* L.

别名金盏银盘、盲肠草，菊科鬼针草属，一年生草本。茎直立，高 30 ～ 100 cm。下部叶小，具 3 裂或不分裂，开花前枯萎；中部叶具长 1.5 ～ 5 cm 无翅柄，三出复叶，小叶椭圆形或卵状椭圆形，顶生小叶较大。头状花序径 8 ～ 9 mm，花序梗长 1 ～ 6 cm；总苞基部被柔毛，盘花筒状，冠檐 5 齿裂。瘦果熟时黑色，线形具棱，长 0.7 ～ 1.3 cm，上部具稀疏瘤突及刚毛，顶端芒刺 3 ～ 4 枚，具倒刺毛。花果期 7—12 月。在全国多有分布，通常生长在村旁、路边及荒地中，在武汉市城市湖泊岸带偶见。

图 3-54　鳢肠

鳢肠 *Eclipta prostrata* (L.) L.

别名凉粉草、墨汁草，菊科鳢肠属，一年生草本。茎直立，高达 60 cm，基部分枝，被糙毛。叶长圆状披针形。头状花序径 6 ～ 8 mm，花序梗长 2 ～ 4 cm；总苞球状钟形，苞片绿色，草质，5 ～ 6 个排成 2 层，外层稍短，背及缘被白色短伏毛；外围雌花 2 层，舌状；中央两性花多，花冠管状，白色。瘦果暗褐色，长 2.8 mm。花期 6—9 月。在全国多有分布，通常生长在河边，田边或路旁，在武汉市城市湖泊岸带常见。

虾须草 *Sheareria nana* S. Moore

别名沙小菊，菊科虾须草属，一年生草本，高 15 ～ 40 cm。茎直立，自下部起分枝，绿色或有时稍带紫色，无毛或稍被细毛。叶稀疏，线形或倒披针形，长 1 ～ 3 cm，无柄，顶端尖，全缘，中脉明显，下面突起；上部叶小，鳞片状。头状花序顶生或腋生；总苞片 2 层，4 ～ 5 个，宽卵形，稍被细毛；雌花舌状，白色或有时淡红色；舌片宽卵状长圆形，近全缘或顶端有小钝齿。瘦果长椭圆形，褐色，长 3.5 ～ 4 mm，无冠毛。在全国多有分布，通常生长在山坡、田边、湖边草地或河滩上，在武汉市城市湖泊岸带常见。

图 3-55 虾须草

3.2.27 香蒲科

水烛 *Typha angustifolia* L.

香蒲科香蒲属，多年生水生或沼生草本。根状茎乳黄；地上茎直立，高 1.5 ～ 3 m。叶片长 54 ～ 120 cm，宽 0.4 ～ 0.9 cm，上部扁平，下部横切面半圆形，细胞间隙大呈海绵状；叶鞘抱茎。雄花序轴具褐色柔毛，叶状苞片 1 ～ 3 枚，花后脱落；雌花序基部苞片比叶片宽，花后脱落。雄花由 3 枚雄蕊合生；雌花柱头窄条形，子房纺锤形，具褐色斑点。小坚果长椭圆形，种子深褐色。花果期 6—9 月。在全国多有分布，通常生长在湖泊等浅水处，在武汉市城市湖泊中常见。

图 3-56 水烛

香蒲 *Typha orientalis* C. Presl

别名东方香蒲，香蒲科香蒲属，多年生水生或沼生草本。根状茎乳白，地上茎粗壮，高 1.3 ～ 2 m。叶片条形，长 40 ～ 70 cm，宽 0.4 ～ 0.9 cm，光滑无毛，上部扁平，下部腹面微凹，横切面半圆形，细胞间隙大呈海绵状。雌雄花序紧密连接，雄花序轴具白色弯曲柔毛，雌花序基部具 1 枚叶状苞片，花后脱落。白色丝状毛单生或基部合生。小坚果椭圆至长椭圆形，果皮具褐色斑点。花果期 5—8 月。在全国多有分布，通常生长在湖泊、河流、池塘浅水处，在武汉市城市湖泊中常见。

图 3-57 香蒲

图 3-58　宽叶香蒲

宽叶香蒲 *Typha latifolia* L.

香蒲科香蒲属，多年生水生或沼生草本。根状茎乳黄色，先端白色。地上茎粗壮，高 1 ～ 2.5 m。叶条形，叶片长 45 ～ 95 cm，宽 0.5 ～ 1.5 cm，光滑无毛，上部扁平，背面中部下逐渐隆起；下部横切面近新月形，细胞间隙较大，呈海绵状。花期时，雄花序长 3.5 ～ 12 cm，雌花序长 5 ～ 22.6 cm。小坚果披针形，长 1 ～ 1.2 mm，褐色。种子褐色，椭圆形。花果期 5—8 月。在全国多有分布，通常生长在湖泊、河流、池塘浅水处，在沼泽、沟渠亦常见，在武汉市城市湖泊中常见。

3.2.28　眼子菜科

图 3-59　菹草

菹草 *Potamogeton crispus* L.

别名札草、虾藻、麦黄草，眼子菜科眼子菜属，多年生沉水草本。具近圆柱形的根茎；茎稍扁，多分枝，于节处生出疏或稍密的须根。叶条形，无柄，长 3 ～ 8 cm，先端钝圆，叶缘多少呈浅波状，具疏或稍密的细锯齿；休眠芽腋生，略似松果，长 1 ～ 3 cm，革质叶左右二列密生，坚硬，边缘具有细锯齿。穗状花序顶生，具花 2 ～ 4 轮，花小，被片 4 枚，淡绿色。果实卵形，长约 3.5 mm。花果期 4—7 月。在全国多有分布，通常生长在池塘、水沟、水稻田、灌渠及缓流河水中，在武汉市城市湖泊中常见。

图 3-60　眼子菜

眼子菜 *Potamogeton distinctus* A. Benn.

别名泉生眼子菜，眼子菜科眼子菜属，多年生水生草本。根茎发达，直径 1.5 ～ 2 mm，多分枝，在节处生有稍密的须根。茎圆柱形，直径 1.5 ～ 2 mm，通常不分枝。浮水叶革质，针形，具 5 ～ 20 cm 长的柄，叶脉多条，顶端连接；沉水叶披针形至狭披针形，草质，具柄，常早落。穗状花序顶生，具花多轮，开花时伸出水面，花后沉没于水中。果实宽倒卵形，长约 3.5 mm。花果期 5—10 月。在全国多有分布，通常生长在池塘、水沟、水稻田、灌渠及缓流河水中，在武汉市城市湖泊中偶见。

光叶眼子菜 *Potamogeton lucens* L.

眼子菜科眼子菜属，多年生沉水草本。具根茎。茎圆柱形，上部多分枝，节间较短，下部节间伸长。叶长椭圆形、卵状椭圆形或披针状椭圆形，无柄或具短柄，有时柄长可达2 cm，叶片长2～18 cm，质薄，先端尖锐，常具0.5～2 cm长的芒状尖头，基部楔形，边缘浅波状，疏生细微锯齿。托叶大而显著，绿色，通常不为膜质，与叶片离生。穗状花序顶生，花多轮，密集；花序梗棒状，较茎粗。果实卵形，长约3 mm。花果期6—10月。在全国多有分布，通常生长在池塘、水沟、水稻田、灌渠及缓流河水中，在武汉市城市湖泊中偶见。

图3-61 光叶眼子菜

微齿眼子菜 *Potamogeton maackianus* A. Benn.

眼子菜科眼子菜属，多年生沉水草本。无根茎。茎细长，直径0.5～1 mm，具分枝，近基部常匍匐。叶条形，长2～6 cm，宽2～3 mm，先端钝圆，基部与托叶贴生成短鞘，疏生微齿，无柄。穗状花序顶生，具花2～3轮；花序梗通常不膨大，与茎近等粗，长1～4 cm；花小。果实倒卵形，长约4 mm。花果期6—9月。在全国多有分布，通常生长在池塘、水沟、水稻田、灌渠及缓流河水中，在武汉市城市湖泊中少见。

图3-62 微齿眼子菜

竹叶眼子菜 *Potamogeton wrightii* Morong

别名马来眼子菜，眼子菜科眼子菜属，多年生沉水草本。根茎发达，白色，节上生须根。茎圆柱形，长约50 mm，不分枝或少数分枝。叶全部沉水，线形或长椭圆形，长5～9 cm，宽1～2.5 cm，先端渐尖，基部钝圆，边缘浅波有细锯齿，中脉显著。穗状花序腋生，花多轮，密集。花序梗稍粗于茎；果离生，倒卵圆形，长约3 mm，两侧稍扁，边缘平滑，中脊窄翅状。花果期6—10月。在全国多有分布。通常生长在池塘、水沟等水中，在武汉市城市湖泊中少见。

图3-63 竹叶眼子菜

3.2.29　黄花蔺科

水金英 *Hydrocleys nymphoides* (Humb. & Bonpl. ex Willd.) Buchenau

图 3-64　水金英

别名水罂粟、水泽莲，黄花蔺科水金英属，多年生浮水草本植物。株高 5 cm。根自水中茎节处发出；茎圆柱形，直径约 5 mm；叶簇生于茎上，叶片呈卵形至近圆形，具长柄，顶端圆钝，基部心形，全缘。花单生，杯形，伞形花序，小花具长柄，罂粟状，直径 6 cm；花淡黄色，花心棕红色；花瓣 3 枚，扇形；萼片 3 枚，长椭圆形。蓇果披针形。花期 6—9 月。原产于巴西、委内瑞拉，后逸出，广泛分布于全国，通常生长在池沼、湖泊、塘溪中，在武汉市城市湖泊中少见。

3.2.30　泽泻科

野慈姑 *Sagittaria trifolia* L.

图 3-65　野慈姑

别名剪刀草、日本慈姑，泽泻科慈姑属，多年生沼生草本。具匍匐茎或球茎；球茎小，最长 2 ～ 3 cm。叶基生，挺水；叶片箭形，大小变异很大。花序圆锥状或总状，花多轮；花单性，下部 1 ～ 3 轮为雌花，上部多轮为雄花，花瓣白色，花药黄色。瘦果两侧扁，倒卵圆形。种子褐色。花果期 5—10 月。在全国多有分布，通常生长在池塘、水沟、水稻田、灌渠及缓流河水中，在武汉市城市湖泊中偶见。

慈姑 *Sagittaria trifolia* subsp. *leucopetala* (Miquel) Q. F. Wang

图 3-66　慈姑

别名茨菰、燕尾草、白地栗，泽泻科慈姑属，多年生草本植物。地下有球茎，黄白色。植株高大，粗壮。叶片宽大，肥厚。匍匐茎末端膨大呈球茎。圆锥花序高大；具 1 ～ 2 轮雌花，主轴雌花 3 ～ 4 轮，位于侧枝之上；雄花多轮，生于上部，组成大型圆锥花序。果期常斜卧水中；果期花托扁球形。种子褐色。花果期 5—10 月。在全国多有分布，通常生长在池塘、水沟、水稻田、灌渠及缓流河水中，在武汉市城市湖泊中偶见。

泽泻 *Alisma plantago-aquatica* L.

别名水泽、水泻，泽泻科泽泻属，多年生草本。块茎直径 1 ～ 3.5 cm，或更大。叶多数；挺水叶宽披针形至椭圆形，长 2 ～ 11 cm，先端渐尖，基部宽楔形。花两性，外轮花被片广卵形，长 2.5 ～ 3.5 mm；内轮近圆形，远大于外轮，边缘具不规则粗齿。花白色、淡红色或浅紫色；花药黄绿色。瘦果椭圆形，长约 2.5 mm，背部具浅沟，果喙自腹侧伸出，基部凸起。种子紫褐色。花果期 5—10 月。在全国多有分布，通常生长在池塘、水沟、水稻田、灌渠及缓流河水中，在武汉市城市湖泊中偶见。

图 3-67 泽泻

3.2.31 水鳖科

黑藻 *Hydrilla verticillata* (L. f.) Royle

别名水王孙，水鳖科黑藻属，多年生沉水草本。茎圆柱形，表面具纵向细棱纹，质较脆。休眠芽长卵圆形；苞叶多数，螺旋状紧密排列，白色或淡黄绿色，狭披针形至披针形。叶 3 ～ 8 枚轮生，线形或长条形，长 7 ～ 17 mm；主脉 1 条，明显。花单性，雌雄同株或异株；花瓣 3 枚，反折开展，白色或粉红色，长约 2 mm。果实圆柱形，表面常有 2 ～ 9 个刺状凸起。种子 2 ～ 6 粒，茶褐色，两端尖。植物以休眠芽繁殖为主。花果期 5—10 月。在全国多有分布，通常生长在池塘、水沟及缓流河水中，在武汉市城市湖泊中常见。

图 3-68 黑藻

水鳖 *Hydrocharis dubia* (Blume) Backer

别名马尿花、芣菜，水鳖科水鳖属，浮水草本。须根长可达 30 cm。匍匐茎发达，节间长 3 ～ 15 cm，顶端生芽，并可产生越冬芽。叶簇生，多漂浮，有时伸出水面；叶片心形或圆形，远轴面有蜂窝状贮气组织，并具气孔。花瓣 3 枚，黄色，与萼片互生，广倒卵形或圆形。果实浆果状，球形至倒卵形，长 0.8 ～ 1 cm。种子多数，椭圆形，顶端渐尖。花果期 8—10 月。在全国多有分布，通常生长在池塘、水沟、水稻田、灌渠及缓流河水中，在武汉市城市湖泊中常见。

图 3-69 水鳖

图 3-70 苦草

苦草 *Vallisneria natans* (Lour.) Hara

别名扁担草，水鳖科苦草属，沉水草本。匍匐茎光滑或稍粗糙，白色，有越冬块茎。叶基生，线形或带形，长 0.2 ～ 2 m，绿色或略带紫红色，全缘或有不明显细锯齿，叶脉 5 ～ 9 条；无叶柄。花单性，异株；花瓣 3 枚，极小，白色；退化雄蕊 3 枚；子房圆柱形，光滑，胚珠多数，花柱 3 枚，顶端 2 裂。果圆柱形。种子多数，倒长卵圆形，有腺毛状凸起。花果期 7—11 月。在全国多有分布，通常生长在池塘、水沟、水稻田、灌渠及缓流河水中，在武汉市城市湖泊中常见。

图 3-71 大茨藻

大茨藻 *Najas marina* L.

水鳖科茨藻属，一年生沉水草本。植株高 0.3 ～ 1 m，多汁。茎较粗壮，黄绿至墨绿色，质脆；分枝多，二叉状，常疏生锐尖粗刺，刺长 1 ～ 2 mm。叶近对生或 3 叶轮生，叶线状披针形，稍上弯，先端黄褐色刺尖，具粗锯齿，无柄，叶鞘圆形，抱茎。花单性，雌雄异株，串生于叶腋。瘦果椭圆形或倒卵状椭圆形。种子卵圆形或椭圆形，种皮质硬，易碎，外种皮细胞多边形，排列不规则。花果期 9—11 月。在全国多有分布，通常生长在池塘、水沟、水稻田、灌渠及缓流河水中，在武汉市城市湖泊中常见。

图 3-72 小茨藻

小茨藻 *Najas minor* All.

水鳖科茨藻属，一年生沉水草本。植株纤细，下部匍匐，上部直立，节部易断裂。茎光滑，黄绿至深绿色，分枝二叉状，基部节生不定根。叶线形，具锯齿，上部渐窄向背面弯曲，先端黄褐色刺尖；无柄；花小，单性同株，单生于叶腋。瘦果黄褐色，窄椭圆形。种皮坚硬，易碎，表皮细胞纺锤形，横向长于轴向，梯状排列。花果期 6—10 月。在全国多有分布，通常生长在池塘、水沟、水稻田、灌渠及缓流河水中，在武汉市城市湖泊中偶见。

伊乐藻 *Elodea nuttallii* (Planch.) H.St.John

水鳖科水蕴藻属，多年生沉水草本。茎圆柱形，直径约 1mm，质较脆。叶茎生，无柄，常 3 叶轮生，下弯，线形，长 7 ～ 17 mm，宽不超过 2 mm，先端锐尖，边缘锯齿明显，无柄，具腋生小鳞片；主脉 1 条，明显。花序单生，无花梗；花瓣 3 枚，白色或粉红色，长约 2 mm，宽约 0.5 mm；雄花成熟后漂浮于水面开花；雌花未见，植物以休眠芽繁殖为主。花果期 7—10 月。在全国多有分布，通常生长在池塘、水沟、水稻田、灌渠及缓流河水中，在武汉市城市湖泊中少见。

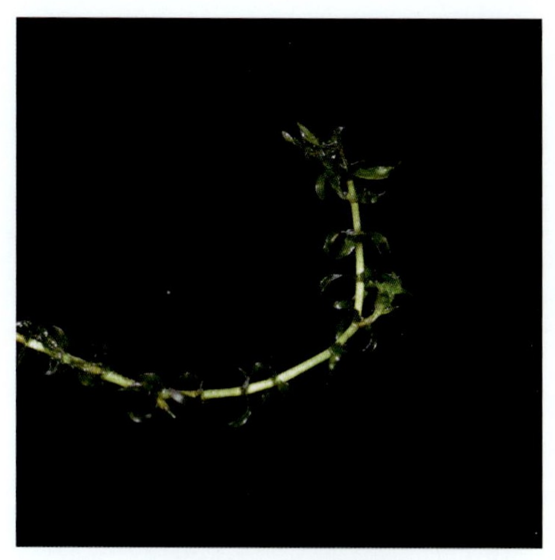

图 3-73 伊乐藻

3.2.32 禾本科

日本看麦娘 *Alopecurus japonicus* Steud.

禾本科看麦娘属，一年生。秆少数丛生，直立或基部膝曲，具 3 ～ 4 节，高 20 ～ 50 cm。叶鞘松弛；叶舌膜质，长 2 ～ 5 mm；叶片上面粗糙，下面光滑，长 3 ～ 12 mm。圆锥花序圆柱状，长 3 ～ 10 cm；小穗长圆状卵形，长 5 ～ 6 mm；颖仅基部互相连合，具 3 脉，脊上具纤毛；花药色淡或白色，长约 1 mm。颖果半椭圆形，长 2 ～ 2.5 mm。花果期 2—5 月。在全国多有分布，通常生长在池塘、水沟、水稻田、灌渠及河流岸边中，在武汉市城市湖泊岸带常见。

图 3-74 日本看麦娘

荩草 *Arthraxon hispidus* (Thunb.) Makino

别名绿竹、光亮荩草，禾本科荩草属，一年生。秆纤细，基部匍匐生根，光滑。株高 10 ～ 30 cm，具多分枝，节上密被短毛。叶鞘短于或等长于节间，鞘口及边缘被疣基毛；叶舌膜质，具长约 1 mm 的纤毛；叶片扁平；有柄小穗退化仅存一针状柄，柄长 0.1 ～ 0.5 mm，具毛。颖果长圆形，与稃近等长。花果期 9—11 月。在全国多有分布，通常生长在池塘、水沟、水稻田、灌渠及河流岸边中，在武汉市城市湖泊岸带常见。

图 3-75 荩草

图 3-76　矛叶荩草

矛叶荩草 *Arthraxon prionodes* (Steud.) Dandy

禾本科荩草属，多年生。秆较坚硬，直立或倾斜，常分枝，具多节；节着地易生根。叶舌膜质，被纤毛；叶片披针形至卵状披针形。花药黄色，长 2.5 ～ 3 mm。有柄小穗披针形，长 4.5 ～ 5.5 mm；第二颖质较薄，与第一颖等长，具 3 脉，边缘近膜质而内折成脊；第一外稃与第二外稃均透明膜质，近等长，长约为小穗的 3/5，无芒。花果期 7—10 月。在全国多有分布，通常生长在山坡、旷野及沟边阴湿处，在武汉市城市湖泊岸带常见。

图 3-77　芦竹

芦竹 *Arundo donax* L.

别名毛鞘芦竹，禾本科芦竹属，多年生。秆高 3 ～ 6 m，坚韧，多节，常生分枝。叶鞘长于节间，无毛或颈部具长柔毛；叶舌平截，长约 1.5 mm，先端具纤毛；叶片扁平，长 30 ～ 50 cm，宽 3 ～ 5 cm，上面与边缘微粗糙，基部白色，抱茎。圆锥花序，分枝稠密，斜升。小穗长 1 ～ 1.2 cm；具 2 ～ 4 朵小花；外稃中脉延伸成长 1 ～ 2 mm 芒，背面中部以下密生长柔毛，第一外稃长约 1 cm；内稃长约外稃的一半。颖果细小黑色。花果期 9—12 月。在全国多有分布，通常生长在溪河堤岸旁或湖泊沿岸，在武汉市城市湖泊岸带常见。

图 3-78　薏苡

薏苡 *Coix lacryma-jobi* L.

别名菩提子、五谷子，禾本科薏苡属，一年生粗壮草本。须根黄白色。秆直立丛生，高 1 ～ 2 m，节多分枝。叶片扁平宽大，开展，长 10 ～ 40 cm，通常无毛。总状花序腋生成束，长 4 ～ 10 cm，直立或下垂，具长梗。雌小穗位于花序之下部，外面包以骨质念珠状之总苞，总苞卵圆形，长 7 ～ 10 mm，直径 6 ～ 8 mm，珐琅质，坚硬，有光泽。花果期 6—12 月。在全国多有分布，通常生长在湿润的屋旁、池塘、河沟、山谷、溪涧或易受涝的农田等地方，在武汉市城市湖泊岸带偶见。

马唐 *Digitaria sanguinalis* (L.) Scop.

别名蹲倒驴，禾本科马唐属，一年生。株高 10 ～ 80 cm，直径 2 ～ 3 mm，无毛或节生柔毛；秆直立或下部倾斜，膝曲上升。叶鞘短于节间，无毛或散生疣基柔毛；叶片线状披针形。总状花序长 5 ～ 18 cm，穗轴直伸或开展，两侧具宽翼，边缘粗糙。小穗椭圆状披针形；第一颖小；第二颖披针形，长为小穗的 1/2 左右，脉间及边缘大多具柔毛。花药长约 1 mm。花果期 6—9 月。在全国多有分布，通常生长在路旁、田野等地方，在武汉市城市湖泊岸带常见。

图 3-79 马唐

长芒稗 *Echinochloa caudata* Roshev.

禾本科稗属，一年生植物。秆高 1 ～ 2 m。叶鞘无毛或常有疣基毛；叶舌缺；叶片线形，长 10 ～ 40 cm，两面无毛。圆锥花序稍下垂，长 10 ～ 25 cm；分枝密集，常再分小枝；小穗卵状椭圆形，常带紫色，长 3 ～ 4 mm，脉上具硬刺毛；第一颖三角形，先端尖，具 3 条脉；第二颖与小穗等长，顶端具长 0.1 ～ 0.2 mm 的芒，具 5 条脉；第一外稃草质，顶端具长 1.5 ～ 5 cm 的芒，具 5 条脉，脉上疏生刺毛；第二外稃革质，光亮，边缘包着同质的内稃；花柱基分离。花果期为夏、秋季。在全国多有分布，通常生长在路旁、田野等地方，在武汉市城市湖泊岸带常见。

图 3-80 长芒稗

无芒稗 *Echinochloa crus-galli* var. *mitis* (Pursh) Peterm.

禾本科稗属。秆高 50 ～ 120 cm，直立，粗壮。叶片长 20 ～ 30 cm，宽 6 ～ 12 mm。圆锥花序直立，长 10 ～ 20 cm，分枝斜上举而开展，常再分枝；小穗卵状椭圆形，长约 3 mm，无芒或具极短芒，芒长常不超过 0.5 mm，脉上被疣基硬毛。花果期为夏、秋季。在全国多有分布，通常生长在路旁、田野等地方，在武汉市城市湖泊岸带常见。

图 3-81 无芒稗

图 3-82　孔雀稗

孔雀稗 *Echinochloa crus-pavonis* (Kunth) Schult.

禾本科稗属。秆粗壮，高 120 ～ 180 cm，基部倾斜而节上生根。叶舌缺，叶片扁平线形，长 10 ～ 40 cm，两面无毛，边缘增厚粗糙。圆锥花序下垂，长 15 ～ 25 cm，分枝具小枝。小穗卵状披针形，带紫色，脉上无疣基毛；第一颖三角形，第二颖与小穗等长，顶端尖，具硬刺毛；第二小花常中性，外稃草质，顶端具芒，脉上具刺毛。花柱基分离。颖果椭圆形，长约 2 mm。花果期 6—7 月。在全国多有分布，通常生长在路旁、田野，在武汉市城市湖泊岸带偶见。

图 3-83　稗

稗 *Echinochloa crus-galli* (L.) P. Beauv.

别名稗子、扁扁草，禾本科稗属，一年生。秆高 50 ～ 150 cm，基部倾斜或膝曲。叶片扁平，线形，长 10 ～ 40 cm，无毛，边缘粗糙。圆锥花序直立，近尖塔形，长 6 ～ 20 cm；主轴具棱，粗糙或具疣基长刺毛；小穗卵形，长 3 ～ 4 mm，脉上密被疣基刺毛；第一小花通常中性，其外稃草质；第二外稃椭圆形，成熟后变硬，顶端具小尖头，尖头上有一圈细毛，边缘内卷。花果期为夏、秋季。在全国多有分布，通常生长在沼泽地、沟边及水稻田等地方，在武汉市城市湖泊岸带常见。

图 3-84　鹅观草

鹅观草 *Elymus kamoji* (Ohwi) S. L. Chen

别名弯穗鹅观草，禾本科披碱草属。秆直立或基部倾斜，高 30 ～ 100 cm。叶鞘外侧边缘常具纤毛；叶片扁平，长 5 ～ 40 cm。穗状花序长 7 ～ 20 cm，弯曲或下垂；小穗绿色或带紫色，含 3 ～ 10 朵小花；颖卵状披针形至长圆状披针形，先端锐尖至具短芒，边缘为宽膜质；外稃披针形，具有较宽的膜质边缘，背部及基盘近于无毛或仅基盘两侧具有极微小的短毛，第一外稃长 8 ～ 11 mm，先端延伸成芒，芒粗糙，劲直或上部稍有曲折。花果期 6—7 月。在全国多有分布，通常生长在路旁、田野等地方，在武汉市城市湖泊岸带偶见。

荻 *Miscanthus sacchariflorus* (Maxim.) Benth. & Hook. f. ex Franch.

图 3-85 荻

别名山苇子，禾本科芒属，多年生。具发达被鳞片的长匍匐根状茎，节处生有粗根与幼芽。秆直立，高 1 ～ 1.5 m。叶片扁平，宽线形，长 20 ～ 50 cm，除上面基部密生柔毛外两面无毛，边缘锯齿状粗糙，基部常收缩成柄。圆锥花序疏展成伞房状，长 10 ～ 20 cm；总状花序轴节间长 4 ～ 8 mm，或具短柔毛；小穗柄顶端稍膨大，基部腋间常生有柔毛；雄蕊 3 枚，花药长约 2.5 mm；柱头紫黑色，自小穗中部以下的两侧伸出。颖果长圆形，长 1.5 mm。花果期 8—10 月。在全国多有分布，通常生长在山坡草地和平原岗地、河岸湿地等地方，在武汉市城市湖泊岸带偶见。

糠稷 *Panicum bisulcatum* Thunb.

图 3-86 糠稷

别名糠黍，禾本科黍属，一年生草本。秆纤细，较坚硬，高 0.5 ～ 1 m，直立或基部伏地，节上可生根。叶鞘松弛，边缘被纤毛；叶舌膜质，顶端具纤毛；叶片质薄，狭披针形，顶端渐尖，基部近圆形，几无毛。圆锥花序长 15 ～ 30 cm，分枝纤细，斜举或平展，无毛或粗糙；小穗椭圆形，绿色或有时带紫色，具细柄；第一颖近三角形，基部略微包卷小穗；第二颖与第一外稃同形且等长，外被细毛或后脱落；第一内稃缺；第二外稃椭圆形，成熟时黑褐色。花果期 9—11 月。在全国多有分布，通常生长在山坡草地和平原岗地、河岸湿地等地方，在武汉市城市湖泊岸带偶见。

双穗雀稗 *Paspalum distichum* L.

图 3-87 双穗雀稗

别名游草，禾本科雀稗属，多年生。匍匐茎横走，长达 1 m，向上直立部分高 20 ～ 40 cm，节生柔毛。叶鞘短于节间，背部具脊，边缘或上部被柔毛；叶舌长 2 ～ 3 mm，无毛；叶片披针形，长 5 ～ 15 cm，无毛。总状花序 2 枚对连，长 2 ～ 6 cm；穗轴宽 1.5 ～ 2 mm；小穗倒卵状长圆形，长约 3 mm，顶端尖，疏生微柔毛。花果期 5—9 月。在全国多有分布，通常生长在田边、路旁等地方，在武汉市城市湖泊岸带常见。

图 3-88　雀稗

雀稗 *Paspalum thunbergii* Kunth ex Steud.

别名龙背筋，禾本科雀稗属，多年生。秆直立丛生，高 50 ～ 100 cm，节被长柔毛。叶鞘具脊，长于节间，被柔毛；叶舌膜质；叶片线形，两面被柔毛。总状花序 3 ～ 6 枚，长 5 ～ 10 cm，互生于主轴，形成总状圆锥花序，分枝腋间具长柔毛。小穗椭圆状倒卵形，散生微柔毛，顶端圆或微凸；第二颖与第一外稃相等，膜质，边缘有微柔毛。第二外稃等长于小穗，革质，具光泽。花果期 5—10 月。在全国多有分布，通常生长在田边、路旁等，在武汉市城市湖泊岸带常见。

图 3-89　毛花雀稗

毛花雀稗 *Paspalum dilatatum* Poir.

别名美洲雀稗，禾本科雀稗属，多年生。具短根状茎。秆丛生，直立，粗壮，高 50 ～ 150 cm，直径约 5 mm。叶片长 10 ～ 40 cm，中脉明显，无毛。总状花序长 5 ～ 8 cm，4 ～ 10 枚呈总状着生于长 4 ～ 10 cm 的主轴上，形成大型圆锥花序，分枝腋间具长柔毛；小穗柄微粗糙，长 0.2 mm 或 0.5 mm；小穗卵形，长 3 ～ 3.5 mm，宽约 2.5 mm；第二颖等长于小穗，具 7 ～ 9 条脉，表面散生短毛，边缘具长纤毛；第一外稃相似于第二颖，但边缘不具纤毛。花果期 5—7 月。原产于南美洲，我国浙江、上海、台湾、湖北（武昌）也有分布，在武汉市城市湖泊岸带偶见。

图 3-90　芦苇

芦苇 *Phragmites australis* (Cav.) Trin. ex Steud.

别名蒹葭，禾本科芦苇属，多年生。根状茎十分发达。秆直立，高 1 ～ 3 m，具 20 多节，基部和上部的节间较短，最长节间位于下部第 4 ～ 6 节，节下被蜡粉。叶舌边缘密生一圈长约 1 mm 的短纤毛；叶片披针状线形，长 30 cm。圆锥花序大型，长 20 ～ 40 cm，分枝多数，着生稠密下垂的小穗；小穗长约 12 mm，含 4 朵花；雄蕊 3 枚，花药长 1.5 ～ 2 mm，黄色；颖果长约 1.5 mm。在全国多有分布，通常生长在江河湖泽、池塘沟渠沿岸和低湿地等地方，在武汉市城市湖泊岸带常见。

菰 *Zizania latifolia* (Griseb.) Turcz. ex Stapf

别名茭儿菜、茭笋、茭白，禾本科菰属，多年生。具匍匐根状茎，须根粗壮。秆高大直立，高 1 ～ 2 m，具多数节，基部节上生不定根。叶片扁平宽大，长 50 ～ 90 cm。圆锥花序长 30 ～ 50 cm，分枝多数簇生；雄小穗长 10 ～ 15 mm，着生于花序下部或分枝之上部，带紫色；雄蕊 6 枚；雌小穗圆筒形，长 18 ～ 25 mm，着生于花序上部和分枝下方与主轴贴生处。颖果圆柱形，长约 12 mm，为果体之 1/8。在全国多有分布，通常生长在江河湖泽、池塘沟渠沿岸和低湿地等地方，在武汉市城市湖泊岸带常见。

图 3-91　菰

3.2.33　莎草科

荆三棱 *Bolboschoenus yagara* (Ohwi) Y. C. Yang & M. Zhan

别名三棱草，莎草科三棱草属。根状茎粗而长，呈匍匐状，顶端生球状块茎，常从块茎又生匍匐根状茎。秆高大粗壮，高 70 ～ 150 cm，锐三棱形，平滑，基部膨大，具秆生叶。叶扁平，线形，宽 5 ～ 10 mm，稍坚挺，上部叶片边缘粗糙，叶鞘很长，最长可达 20 cm。长侧枝聚伞花序简单，具 3 ～ 8 个辐射枝，辐射枝最长达 7 cm；顶端具芒，芒长 2 ～ 3 mm；雄蕊 3 枚；花柱细长，柱头 3 枚。坚果倒卵形、三棱形，黄白色。花期 5—7 月。全国多有分布，通常生长在池塘、水沟及河流岸边，在武汉市城市湖泊岸带常见。

图 3-92　荆三棱

中华薹草 *Carex chinensis* Retz.

莎草科薹草属。根状茎短，斜生。秆丛生，高 20 ～ 55cm。叶长于秆，边缘粗糙，淡绿色，革质。苞片短叶状，具长鞘，鞘扩大。小穗 4 ～ 5 个，远离，顶生 1 个雄性，窄圆柱形，长 2.5 ～ 4.2 cm；小穗柄直立，纤细。小坚果紧包于果囊中，菱形、三棱形，棱面凹陷，先端骤缩成短喙，喙顶端膨大呈环状。花柱基部膨大，柱头 3 个。花果期 4—6 月。在全国多有分布，通常生长在池塘、水沟、水稻田、灌渠及河流岸边，在武汉市城市湖泊岸带常见。

图 3-93　中华薹草

图 3-94　扁穗莎草

扁穗莎草 *Cyperus compressus* L.

别名硅子叶莎草，莎草科莎草属，丛生草本。秆稍纤细，高 5 ～ 25 cm，锐三棱形，基部具较多叶。叶短于秆，宽 1.5 ～ 3 mm，灰绿色；叶鞘紫褐色。苞片 3 ～ 5 枚，叶状；长侧枝聚伞花序简单，具 2 ～ 7 个辐射枝，辐射枝最长达 5 cm；穗状花序近于头状；花序轴很短，具 3 ～ 10 个小穗；小穗线状披针形，长 8 ～ 17 mm，近于四棱形，具 8 ～ 20 朵花；顶端具稍长的芒，长约 3 mm；雄蕊 3 枚，花药线形；花柱长，柱头 3 枚，较短。小坚果倒卵形、三棱形，侧面凹陷，长约为鳞片的 1/3，深棕色，表面具密的细点。花果期 7—12 月。在全国多有分布，通常生长在池塘、水沟、水稻田、灌渠及河流岸边，在武汉市城市湖泊岸带常见。

图 3-95　异型莎草

异型莎草 *Cyperus difformis* L.

别名球穗莎草，莎草科莎草属，一年生草本。根为须根。秆丛生，稍粗或细弱。叶短于秆，平张或折合；叶鞘稍长，褐色。长侧枝聚伞花序简单，少数为复出，具 3 ～ 9 个辐射枝，头状花序球形，具极多数小穗，具 3 条不很明显的脉。小坚果倒卵状椭圆形、三棱形，几与鳞片等长，淡黄色。花果期 7—10 月。在全国多有分布，通常生长在池塘、水沟、水稻田、灌渠及河流岸边，在武汉市城市湖泊岸带常见。

图 3-96　头状穗莎草

头状穗莎草 *Cyperus glomeratus* L.

别名喂香壶，莎草科莎草属，一年生草本。具须根。秆散生，粗壮，具少数叶。叶短于秆，边缘不粗糙；叶鞘长，红棕色。复出长侧枝聚伞花序具 3 ～ 8 个辐射枝，辐射枝长短不等，穗状花序无总花梗，近于圆形、椭圆形或长圆形，具极多数小穗，背面无龙骨状突起，脉极不明显，边缘内卷。小坚果长圆形、三棱形，灰色，具明显的网纹。花果期 6—10 月。在全国多有分布，通常生长在池塘、水沟、水稻田、灌渠及河流岸边，在武汉市城市湖泊岸带偶见。

风车草 *Cyperus involucratus* Rottb.

别名紫苏，莎草科莎草属，一年生草本。秆稍粗壮，高30～150 cm，近圆柱状，鞘棕色。根状茎短，粗大，须根坚硬。苞片20枚，向四周平展；多次复出长侧枝聚伞花序具多数第一次辐射枝，辐射枝最长达7 cm；雄蕊3枚，花药线形，顶端具刚毛状附属物；花柱短，柱头3枚。小坚果椭圆形，近于三棱形，长为鳞片的1/3，褐色。在全国多有分布，通常生长在池塘、水沟、水稻田、灌渠及河流岸边，在武汉市城市湖泊岸带常见。

图 3-97 风车草

碎米莎草 *Cyperus iria* L.

别名三方草，莎草科莎草属，一年生草本。无根状茎，具须根。秆丛生，叶短于秆，叶鞘红棕色或棕紫色。长侧枝聚伞花序复出，穗状花序卵形或长圆状卵形，有3～5条脉，两侧呈黄色或麦秆黄色，上端具白色透明的边，花柱短，柱头3枚。小坚果倒卵形或椭圆形，三棱形，与鳞片等长，褐色，具密的微突起细点。花果期6—10月。在全国多有分布，通常生长在池塘、水沟、水稻田、灌渠及河流岸边，在武汉市城市湖泊岸带偶见。

图 3-98 碎米莎草

具芒碎米莎草 *Cyperus microiria* Steud.

别名黄颖莎草，莎草科莎草属，一年生草本。具须根。秆丛生，稍细，锐三棱形，平滑，基部具叶。叶短于秆，平张，叶鞘红棕色，表面稍带白色。长侧枝聚伞花序复出或多次复出，稍密或疏展，穗状花序卵形或宽卵形或近于三角形，麦秆黄色或白色，背面具龙骨状突起，脉3～5条，绿色，中脉延伸出顶端呈短尖。小坚果倒卵形、三棱形，几与鳞片等长，深褐色，具密的微突起细点。花果期8—10月。在全国多有分布，通常生长在池塘、水沟、水稻田、灌渠及河流岸边，在武汉市城市湖泊岸带常见。

图 3-99 具芒碎米莎草

图 3-100　香附子

香附子 *Cyperus rotundus* L.

别名香头草，莎草科莎草属。匍匐根状茎长，具椭圆形块茎。秆稍细弱，高 15 ～ 95 cm，锐三棱形，基部呈块茎状。叶较多，短于秆，平张；鞘棕色，常裂成纤维状。穗状花序轮廓为陀螺形，具 3 ～ 10 个小穗；小穗斜展开，线形，长 1 ～ 3 cm，具 8 ～ 28 朵花；雄蕊 3 枚，暗血红色；花柱长，柱头 3 枚。小坚果长圆状倒卵形、三棱形，长为鳞片的 1/3 ～ 2/5，具细点。花果期 5—11 月。在全国多有分布，通常生长在山坡荒地草丛中或水边潮湿处，在武汉市城市湖泊岸带常见。

图 3-101　断节莎

断节莎 *Cyperus odoratus* L.

莎草科莎草属，根状茎短缩，具硬须根。秆粗壮，高 30 ～ 120 cm，三棱形，基部膨大。叶短于秆，宽 4 ～ 10 mm，平张稍硬。辐射枝最长达 12 cm，具多个短枝。穗状花序长圆筒形，长 2 ～ 3 cm，具多小穗，小穗线形，长 8 ～ 16 mm，圆柱状，具 6 ～ 16 朵花。小穗轴坚硬，具宽翅。鳞片松排，基部密贴，卵状椭圆形，背面绿色，两侧黄棕带红色，具光泽。雄蕊 3 枚，花柱中等。小坚果长圆形，红色，后变成黑色，顶端露于翅外。花果期 5—7 月。在全国多有分布，通常生长在池塘等岸边，在武汉市城市湖泊岸带偶见。

图 3-102　荸荠

荸荠 *Eleocharis dulcis* (Burm. f.) Trin. ex Hensch.

别名田荠、马蹄，莎草科荸荠属。有长的匍匐根状茎。秆多数，丛生，直立，圆柱状，高 30 ～ 100 cm，灰绿色，中有横膈膜，干后秆的表面现有节。叶缺如，只在秆的基部有 2 ～ 3 个叶鞘。小穗圆柱状，长 1.5 ～ 4.5 cm，微绿色，顶端钝，有多数花。小坚果宽倒卵形，扁双凸状，长 2 ～ 2.5 mm，黄色，平滑，表面细胞呈四至六角形。花果期 5—10 月。在全国多有分布，通常生长在池塘、水沟、水稻田、灌渠及河流岸边，在武汉市城市湖泊岸带少见。

牛毛毡 *Eleocharis yokoscensis* (Franch. & Sav.) Tang & F. T. Wang

别名牛毛草，莎草科荸荠属。秆多数，细如毫发，密丛生如牛毛毡，高 2 ～ 12 cm；秆密丛生，细如毛发。小穗卵形，长 2 ～ 4 mm，宽约 2 mm，淡紫色，具几朵花，中脉明显，下位刚毛 3 ～ 4 枚，长约为小坚果的 2 倍，具倒刺；柱头 3 枚。小坚果窄长圆形、钝圆三棱状，无明显棱，长约 1.5 mm，微黄白色，具横矩形网纹，顶端缢缩，无领状环。花柱基细小圆锥形，基部宽约为小坚果的 1/3。花果期 4—11 月。在全国多有分布，通常生长在池塘、水沟、水稻田、灌渠及河流岸边，在武汉市城市湖泊岸带少见。

图 3-103 牛毛毡

水虱草 *Fimbristylis littoralis* Gaudich.

别名日照飘拂草，莎草科飘拂草属。无根状茎。秆丛生，高 10 ～ 60 cm，扁四棱形，具纵槽。叶长于或短于秆或与秆等长，侧扁，套褶，剑状，边上有稀疏细齿，向顶端渐狭成刚毛状。苞片 2 ～ 4 枚，刚毛状，具锈色、膜质的边，较花序短；小穗单生于辐射枝顶端，球形或近球形，顶端极钝，长 1.5 ～ 5 mm。小坚果倒卵形或宽倒卵形，钝三棱形，长 1 mm，麦秆黄色，具疣状突起和横长圆形网纹。花果期 7—10 月。在全国多有分布，通常生长在池塘、水沟、水稻田、灌渠及河流岸边，在武汉市城市湖泊岸带偶见。

图 3-104 水虱草

短叶水蜈蚣 *Kyllinga brevifolia* Rottb.

别名水蜈蚣，莎草科水蜈蚣属，多年生草本。根状茎长且匍匐，节间长约 1.5 cm，每节长一秆，扁三棱形，具 4 ～ 5 个圆筒状叶鞘。叶柔弱平张，上部边缘和背面中肋具细刺。叶状苞片 3 枚，极展开；穗状花序单个或极少 2 ～ 3 个，球形或卵球形，长 5 ～ 11 mm，小穗密生；长圆状披针形，长约 3 mm，每穗 1 朵花。小坚果倒卵状长圆形，扁双凸状，长约为鳞片的 1/2，表面密布细点。花果期 5—9 月。在全国多有分布，通常生长在池塘等岸边，在武汉市城市湖泊岸带常见。

图 3-105 短叶水蜈蚣

图 3-106　水葱

水葱 *Schoenoplectus tabernaemontani* (C. C. Gmel.) Palla

别名南水葱，莎草科水葱属。匍匐根状茎粗壮，具许多须根。秆高大，圆柱状，高 1 ～ 2 m，基部具 3 ～ 4 个叶鞘，可达 38 cm，管状，最上面一个叶鞘具叶片。叶片线形。小穗单生或 2 ～ 3 个簇生于辐射枝顶端，卵形或长圆形，长 5 ～ 10 mm，具多数花；鳞片椭圆形或宽卵形，顶端稍凹，长约 3 mm，棕色或紫褐色。小坚果倒卵形或椭圆形，双凸状，长约 2 mm。花果期 6—9 月。在全国多有分布，通常生长在池塘、水沟、水稻田、灌渠及河流岸边，在武汉市城市湖泊岸带常见。

3.2.34　菖蒲科

图 3-107　菖蒲

菖蒲 *Acorus calamus* L.

别名臭草，菖蒲科菖蒲属，多年生草本。根茎横走，稍扁，分枝，直径 5 ～ 10 mm，外皮黄褐色，芳香，肉质根多数，长 5 ～ 6 cm，具毛发状须根。叶基生；叶片剑状线形，基部宽、对褶，中部以上渐狭，草质，绿色光亮。花序柄三棱形；叶状佛焰苞剑状线形，长 30 ～ 40 cm；花黄绿色，花被片长约 2.5 mm；花丝长 2.5 mm；子房长圆柱形，长 3 mm，粗 1.25 mm。浆果长圆形，红色。花期 2—9 月。在全国多有分布，通常生长在池塘、水沟、河流和湖泊岸边，在武汉市城市湖泊岸带常见。

3.2.35　天南星科

图 3-108　大薸

大薸 *Pistia stratiotes* L.

别名水白菜，天南星科大薸属，水生漂浮草本。有长而悬垂的根多数，须根羽状，密集。叶簇生成莲座状，叶片常因发育阶段不同而形异，如倒三角形、倒卵形、扇形，以至倒卵状长楔形，长 1.3 ～ 10 cm，宽 1.5 ～ 6 cm，先端截头状或浑圆，基部厚，二面被毛，基部尤为浓密；叶脉扇状伸展，背面明显隆起成折皱状。佛焰苞白色，长约 0.5 ～ 1.2 cm，外被茸毛。花期 5—11 月。在全国多有分布，通常生长在池塘、水沟、河流和湖泊，在武汉市城市湖泊中少见。

浮萍 *Lemna mino* L.

别名水萍草，天南星科浮萍属，漂浮植物。叶状体对称，表面绿色，背面浅黄色或绿白色或常为紫色，近圆形、倒卵形或倒卵状椭圆形，全缘，长 1.5 ～ 5 mm，背面垂生丝状根 1 条，根白色，长 3 ～ 4 cm，根冠钝头，根鞘无翅；叶状体背面一侧具囊，新叶状体于囊内形成浮出，以极短的细柄与母体相连，随后脱落。雌花具弯生胚珠 1 枚，果实无翅，近陀螺状，种子具凸出的胚乳并具 12 ～ 15 条纵肋。花果期 4—7 月。在全国多有分布，通常生长在水田、池沼或其他静水水域，在武汉市城市湖泊中常见。

图 3-109　浮萍

紫萍 *Spirodela polyrhiza* (L.) Schleid.

别名紫背浮萍，天南星科紫萍属，漂浮植物。叶状体扁平，阔倒卵形，长 5 ～ 8 mm，宽 4 ～ 6 mm，先端钝圆，表面绿色，背面紫色，具掌状脉 5 ～ 11 条，背面中央生 5 ～ 11 条根，根长 3 ～ 5 cm，白绿色，根冠尖，脱落；根基附近的一侧囊内形成圆形新芽，萌发后幼小叶状体渐从囊内浮出，由一细弱的柄与母体相连。花未见，据记载，肉穗花序有 2 个雄花和 1 个雌花。花果期 4—7 月。在全国多有分布，通常生长在水田、池沼或其他静水水域，在武汉市城市湖泊中常见。

图 3-110　紫萍

芜萍 *Wolffia arrhiza* (L.) Wimmer

别名无根萍，天南星科芜萍属，漂浮植物。漂浮水面或悬浮，细小如沙，为世界上最小的种子植物。叶状体卵状半球形，单 1 代或 2 代连在一起，直径 0.5 ～ 1.5 mm，上面绿色，扁平，具多数气孔，背面明显凸起，淡绿色，表皮细胞五至六边形；无叶脉及根。花果期 6—7 月。在全国多有分布，通常生长在水田、池沼或其他静水水域，在武汉市城市湖泊中常见。

图 3-111　芜萍

3.2.36　鸭跖草科

鸭跖草 *Commelina communis* L.

图 3-112　鸭跖草

别名淡竹叶，鸭跖草科鸭跖草属，一年生披散草本。茎匍匐生根，多分枝，长可达 1 m，上部被短毛。叶披针形至卵状披针形，长 3 ～ 9 cm。总苞片佛焰苞状，与叶对生，展开后心形，长 1.2 ～ 2.5 cm。聚伞花序，下面一枝仅有花 1 朵，不孕，上面一枝具花 3 ～ 4 朵，花瓣深蓝色，内面 2 枚具爪。蒴果椭圆形，长 5 ～ 7 mm，2 室，2 爿裂，有种子 4 颗。种子棕黄色，长 2 ～ 3 mm，有不规则窝孔。花果期 7—10 月。在全国多有分布，通常生长在湿地，在武汉市城市湖泊自然岸带常见。

3.2.37　雨久花科

凤眼莲 *Eichhornia crassipes* Mart.

图 3-113　凤眼莲

别名水葫芦，雨久花科凤眼莲属，浮水草本，高 30 ～ 60 cm。须根发达，棕黑色。茎极短，具长匍匐枝，分离后长成新植物。叶基部丛生，莲座状，5 ～ 10 片，圆形或宽卵形，长 4.5 ～ 14.5 cm，顶端钝圆。叶柄长短不等，中部膨大内有气室，维管束散布，黄绿色。穗状花序长 17 ～ 20 cm，具 9 ～ 12 朵花；花被裂片 6 枚，卵形，紫蓝色，花冠略两侧对称。蒴果卵形。花果期 7—11 月。原产于巴西，在全国多有分布，通常生长在水塘、沟渠及稻田，在武汉市城市湖泊中常见。

雨久花 *Monochoria korsakowii* Regel & Maack

图 3-114　雨久花

别名浮蔷，雨久花科雨久花属，直立水生草本。根状茎粗壮，具柔软须根。茎直立，高 30 ～ 70 cm。基生叶宽卵状心形，长 4 ～ 10 cm，顶端急尖或渐尖，基部心形，全缘，具多数弧状脉；茎生叶叶柄渐短，抱茎。总状花序顶生，有时再聚成圆锥花序；花 10 余朵，蓝色。蒴果长卵圆形，长 10 ～ 12 mm。种子长圆形，长约 1.5 mm，有纵棱。花果期 7—10 月。在全国多有分布，通常生长在池塘、湖沼靠岸浅水处和稻田，在武汉市城市湖泊中常见。

鸭舌草 *Monochoria vaginalis* Burm. f.

别名水玉簪，雨久花科雨久花属，水生草本。根状茎极短，具柔软须根。茎直立或斜上，高 12 ～ 35 cm，全株光滑无毛。叶基生和茎生；叶片形状和大小变化较大，由心状宽卵形、长卵形至披针形，长 2 ～ 7 cm，顶端短突尖或渐尖，基部圆形或浅心形。总状花序从叶柄中部抽出；花序在花期直立，果期下弯；花通常 3 ～ 5 朵，蓝色。蒴果卵形至长圆形。种子多数，椭圆形，灰褐色。花期 8—9 月，果期 9—10 月。在全国多有分布，通常生长在稻田、沟旁、浅水池塘等，在武汉市城市湖泊中偶见。

图 3-115　鸭舌草

梭鱼草 *Pontederia cordata* L.

别名海寿花，雨久花科梭鱼草属，多年生挺水或湿生草本植物。株高 20 ～ 80 cm。叶柄绿色，圆筒形，叶片较大，长可达 25 cm，深绿色，叶形多变，大部分为倒卵状披针形。根茎为须状不定根，长 15 ～ 30 cm，具多数根毛。地下茎粗壮，黄褐色。穗状花序顶生，长 5 ～ 20 cm，小花密集在 200 朵以上，蓝紫色带黄斑点。果实初期绿色，成熟后褐色。花果期 5—10 月。在全国多有分布，通常生长在湖泊、池塘、小溪的浅水处，在武汉市城市湖泊中常见。

图 3-116　梭鱼草

3.2.38　灯芯草科

翅茎灯芯草 *Juncus alatus* Franch. & Sav.

灯芯草科灯芯草属，多年生草本。高 11 ～ 48 cm。根状茎短而横走。茎丛生，直立，扁平，两侧有狭翅。叶基生或茎生；叶片扁平，线形，长 5 ～ 16 cm。花序由 7 ～ 27 个头状花序排列成聚伞状，花序分枝常 3 个；花被片披针形，长 3 ～ 3.5 mm，顶端渐尖；花药长圆形，长约 0.8 mm，黄色。蒴果三棱状圆柱形，长 3.5 ～ 5 mm，淡黄褐色。种子椭圆形。花果期 4—10 月。在全国多有分布，通常生长在水边、田边、湿草地和山坡林下阴湿处，在武汉市城市湖泊自然岸带偶见。

图 3-117　翅茎灯芯草

图 3-118　灯芯草

灯芯草 *Juncus effusus* L.

灯芯草科灯芯草属，多年生草本。高 27 ～ 91 cm，或更高。根状茎粗壮横走，具黄褐色须根。茎丛生，直立，圆柱形，淡绿色，具纵条纹。叶低出，呈鞘状或鳞片状，包围在茎的基部，长 1 ～ 22 cm；叶片退化为刺芒状。聚伞花序假侧生，含多花，排列紧密或疏散；花被片线状披针形，黄绿色。蒴果长圆形或卵形，长约 2.8 mm，黄褐色。种子卵状长圆形，长 0.5 ～ 0.6 mm，黄褐色。花果期 4—9 月。在全国多有分布，通常生长在河边、沼泽湿处，在武汉市城市湖泊自然岸带偶见。

图 3-119　笄石菖

笄石菖 *Juncus prismatocarpus* R. Br.

灯芯草科灯芯草属，多年生草本。高 17 ～ 65 cm。茎丛生，圆柱形或稍扁，直径 1 ～ 3 mm。叶基生和茎生，线形，扁平，长 10 ～ 25 cm，顶端渐尖，具不完全横隔，绿色。5 ～ 20 个头状花序，顶生，复聚伞；花具短梗；花被片线状披针形，长 3.5 ～ 4 mm，绿色或淡红褐色；雄蕊 3 枚，淡黄色。蒴果三棱状圆锥形，顶端短尖，淡褐色或黄褐色。种子长卵形。花果期 3—8 月。在全国多有分布，通常生长在田、沟边、山坡湿地，在武汉市城市湖泊自然岸带偶见。

图 3-120　多花地杨梅

多花地杨梅 *Luzula multiflora* (Ehrh.) Lej.

别名羽毛地杨梅，灯芯草科地杨梅属，多年生草本。高 16 ～ 35 cm。茎直立密丛生，圆柱形具纵沟纹，绿色。叶基生和茎生，叶 1 ～ 3 枚，线状披针形，长 4 ～ 11 cm，扁平，顶端钝圆加厚，边缘具白色丝状长毛。5 ～ 9 个头状花序，近伞形聚伞状，顶生；叶状总苞片线状披针形。雄蕊 6 枚；花药黄色。蒴果三棱状倒卵形，顶端具小尖头，红褐色至紫褐色。种子卵状椭圆形，棕褐色，长约 1.2 mm。花果期 5—8 月。在全国多有分布，通常生长在山坡草地、林缘水沟旁、溪边潮湿处，在武汉市城市湖泊自然岸带偶见。

3.2.39 鸢尾科

鸢尾 *Iris tectorum* Maxim.

别名老鸹蒜，鸢尾科鸢尾属，多年生草本。根状茎粗壮，二歧分枝。叶基生，黄绿色，宽剑形，长 15 ～ 50 cm，顶端渐尖，有不明显纵脉。花茎光滑，顶部常有 1 ～ 2 个短侧枝，中下部有 1 ～ 2 枚茎生叶。苞片 2 ～ 3 枚，绿色，披针形或长卵圆形，顶端渐尖或长渐尖，内有 1 ～ 2 朵花；花蓝紫色，直径约 10 cm。蒴果长椭圆形或倒卵形。种子黑褐色，梨形。花期 4—5 月，果期 6—8 月。在全国多有分布，通常生长在向阳坡地及水边湿地处，在武汉市城市湖泊岸带常见。

图 3-121 鸢尾

3.2.40 竹芋科

再力花 *Thalia dealbata* Fraser

别名水竹芋，竹芋科水竹芋属，多年生挺水草本植物。植株高 100 ～ 250 cm。叶基生，4 ～ 6 片；叶柄较长，约 40 ～ 80 cm；叶片卵状披针形至长椭圆形，长 20 ～ 50 cm，浅灰绿色，边缘紫色，全缘；叶基圆钝，叶尖锐尖；横出平行叶脉。复穗状花序，生于由叶鞘内抽出的总花梗顶端；小花紫红色，2 ～ 3 朵小花由两个小苞片包被。果皮浅绿色，成熟时顶端开裂，棕褐色。原产于美国南部和墨西哥，在全国多有分布，通常生长在浅水处，在武汉市城市湖泊岸带常见。

图 3-122 再力花

3.2.41　美人蕉科

图 3-123　大花美人蕉

大花美人蕉 *Canna* × *generalis* L.H.Bailey

别名红艳蕉，美人蕉科美人蕉属，多年生草本。株高约 1.5 m，茎、叶和花序均被白粉。叶片椭圆形，长达 40 cm，叶缘、叶鞘紫色。总状花序顶生，长 15 ～ 30 cm；花大，比较密集，每一苞片内有花 1 ～ 2 朵；萼片披针形，颜色红、橘红、淡黄、白色均有；唇瓣倒卵状匙形；发育雄蕊披针形，长约 4 cm；子房球形，直径 4 ～ 8 mm；花柱带形，离生部分长 3.5 cm。花果期 7—10 月。原产于美洲热带，在全国多有分布，喜光、耐旱，具一定耐寒力，可耐短期水涝，在武汉市城市湖泊自然岸带常见。

图 3-124　美人蕉

美人蕉 *Canna indica* L.

别名蕉芋，美人蕉科美人蕉属。根茎发达，多分枝，块状；茎粗壮，高可达 3 m。叶片长圆形或卵状长圆形，长 30 ～ 60 cm，叶面绿色。总状花序单生或分叉，少花，被蜡质粉霜，基部有阔鞘；花单生或 2 朵聚生，小苞片卵形，长 8 mm；花冠管杏黄色，长约 1.5 cm，花冠裂片杏黄而顶端染紫，披针形，长约 4 cm，直立；发育雄蕊披针形，长 4.2 cm，杏黄色。花果期 3—12 月。原产于西印度群岛和南美洲，在全国多有分布，喜光、耐旱，可耐短期水涝，在武汉市城市湖泊自然岸带常见。

参考文献

陈耀东 , 马欣堂 , 杜玉芬 , 等 . 中国水生植物 [M]. 郑州：河南科学技术出版社 , 2012.

王青锋 , 李伟 . 中国水生植物图志 [M]. 武汉：湖北科学技术出版社 , 2017.

廖廓 , 戴璨 , 王青峰 . 武汉植物图鉴 [M]. 武汉：湖北科学技术出版社 , 2015.

中国科学院武汉植物研究所 . 中国水生维管束植物图谱 [M]. 武汉：湖北人民出版社 , 1983.

赵家荣 , 刘艳玲 . 水生植物图鉴 [M]. 武汉：华中科技大学出版社 , 2009.

崔心红 . 水生植物应用 [M]. 上海：上海科学技术出版社 , 2012.

李尚志 , 杨常安 , 管秀兰 , 等 . 水生植物与水体造景 [M]. 上海：上海科学技术出版社 , 2007.

吴振斌 . 水生植物与水体生态修复 [M]. 北京：北京科学出版社 , 2011.

刘亮 . 水生植物培育与造景技术 [M]. 北京：化学工业出版社 , 2016.

王德华 . 水生植物的定义与适应 [J]. 生物学通报 , 1994, 29(6): 10.

易丽 , 赵运林 , 徐正刚 , 等 . 水生植物生态学研究进展 [J]. 湖北林业科技 , 2014, 43(5): 54-58, 85.

张力 , 王丽君 , 陈亮 , 等 . 水生植物在水生态治理中的应用与设计 [J]. 环境保护与循环经济 , 2021, 41(4): 44-49, 70 .

孙宇婷 , 王海云 , 张婷 , 等 . 武汉东湖水生植物重金属分布现状研究 [J]. 长江科学院院报 , 2016, 33(6): 8-11, 17.

娄岱金 , 苏玥 , 赵国强 , 等 . 水生植物数据库研究进展 [J]. 湿地科学 , 2023, 21(5): 776-781.

朱克利 . 湖北省水生植物物种资源及其园林应用研究 [D]. 武汉：华中农业大学 , 2009.

钟爱文 , 宋鑫 , 张静 , 等 . 2014 年武汉东湖水生植物多样性及其分布特征 [J]. 环境科学研究 , 2017, 30(3): 398-405.

谢正鹏 . 武汉市典型城市湖泊湿地植物群落生物量研究 [D]. 武汉：华中农业大学 , 2010.

李紫琦 . 武汉沙湖城市湿地公园建设中水生植物的应用现状与建议 [J]. 湖北林业科技 , 2017, 46(6): 48-51.

郝孟曦 . 江汉湖群主要湖泊水生植物多样性及群落演替规律研究——以梁子湖、长湖、斧头湖及涨渡湖为例 [D]. 武汉：湖北大学 , 2014.

李娜 , 杨磊 , 邓绪伟 , 等 . 湖泊形态与水生植物多样性关系——以长江中下游湖群典型湖泊为例 [J]. 植物科学学报 , 2018, 36(1): 65-72.

董元火 , 曾长立 , 吴翠 . 湖北省三角湖水生植物物种多样性研究 [J]. 安徽农业科学 , 2008, 36(6): 2416-2418.

姜艳，陈兴芳，杨旭杰．基于 Landsat 影像的武汉东湖 30 年来水生植物动态变化 [J]. 植物生态学报，2022, 46(12): 1551-1561.

任振江．水生植物在景观水体中的作用及注意事项 [J]. 河北林业科技，2009, 3(27): 98-99.

任瑞丽．水生植物在湿地生态系统中的作用 [J]. 环境与发展，2019, 31(12): 191, 193.

李伟．我国水生植物多样性保护的研究与实践 [J]. 人民长江，2020, 51(1): 104-112.

娄娟．武汉城市湿地植物种类及应用现状 [J]. 安徽农业科学，2006, 34(16): 4082-4083.

张薇．武汉市水生植物的配置现状与对策 [J]. 安徽农业科学，2011, 39(36): 22461-22462, 22478.

戴希刚，熊婷．武汉市水生植物资源调查及其应用现状 [J]. 江汉大学学报（自然科学版），2013, 41(2): 75-80.

任泽茜，马雪纯，胡惠蓉．武汉植物园水生植物应用的初步调查 [J]. 现代园艺，2023(9): 32-34.

于海澔，吕田，王慧，等．一个中国水生植被分类系统的初步方案 [J]. 中国科学：生命科学，2022, 52(9): 1335-1355.

吴志刚，熊文，侯宏伟，等．长江流域水生植物多样性格局与保护 [J]. 水生生物学报，2019, 43: 27-41.

孔祥虹，肖兰兰，苏豪杰，等．长江下游湖泊水生植物现状及与水环境因子的关系 [J]. 湖泊科学，2015, 27(3): 385-391.

郭葳，龚旭昇，邓绪伟，等．汉江中下游水生植物群落及演替 [J]. 植物学报，2016, 51(6): 49-56.

后 记

加强生态保护和修复、提升生态系统质量和稳定性，是深入贯彻习近平生态文明思想、夯实共抓长江大保护政治责任、推动落实长江经济带高质量发展战略、实现人与自然和谐共生的重要举措。湖北素有“千湖之省”之称，湖泊水面面积达 2 706 km^2，拥有丰富的生物多样性资源，是长江流域重要的水源涵养地和国家的重要生态屏障。

一直以来，湖北省高度重视生物多样性保护工作，以生物多样性保护、流域综合治理、生态廊道建设等为重点，提高生态系统稳定性和服务功能；持续开展生物多样性观测研究，逐步健全生物多样性观测网络，完善常态化观测试点；不断推进流域水污染防治，加强重点湖库保护，开展长江排污口溯源整治，改善江河湖泊水环境质量；系统强化生物资源保护，摸清生物多样性底数，完善生物资源保存繁育体系，促进生物资源的可持续利用；科学维护水生态空间，优先开展饮用水水源地保护区等的重要河流干流、支流及重点湖库生态缓冲带划定，开展河湖缓冲带生态修复试点；以改善水生态环境为核心，统筹水资源、水环境、水生态，努力建设“清水绿岸、鱼翔浅底”的美丽河湖，加快实现由生态大省向生态强省的历史性转变。

本书是湖北省开展生物多样性调查、观测和评估系列工作的重要成果之一，以“百湖之市”武汉作为研究区域，基于技术人员开展生物调查和监测中拍摄的高清显微图片编制而成，集中展示了武汉市典型城市湖泊的水生生物种群，囊括了代表性的水生生物物种，可作为生态环境监测部门及相关领域开展水生生物监测工作的有价值的参考书，也可作为全省流域水生态质量监测和考核评价的重要参考，生动体现了湖北省生态环境系统牢固树立和践行绿水青山就是金山银山的理念，深刻反映了湖北省加快推进生态文明建设、开启美丽湖北建设新征程过程中取得的良好成效。